珠宝微日志

The Jewelry Microblog

——鉴定与选购

何雪梅 ◎主编

化学工业出版社

·北京·

《珠宝微日志——鉴定与选购》将繁杂的珠宝鉴定知识碎片化，结合时尚元素，用一篇篇流畅优美的文章，将珠宝首饰的资源、鉴定、鉴赏、设计、加工、市场、评价与收藏以及保养与文化展现在读者面前。

本书适宜珠宝首饰的爱好者休闲阅读。

图书在版编目（CIP）数据

珠宝微日志：鉴定与选购 / 何雪梅主编. —北京：化学工业出版社，2017.5

ISBN 978-7-122-29404-3

Ⅰ.①珠… Ⅱ.①何… Ⅲ.①宝石-鉴定②玉石-鉴定Ⅳ.①TS933②TS934.3

中国版本图书馆CIP数据核字(2017)第066662号

责任编辑：邢　涛
责任校对：宋　玮　　　　装帧设计：韩　飞

出版发行：化学工业出版社（北京市东城区青年湖南街13号　邮政编码100011）
印　　装：北京东方宝隆印刷有限公司
710mm×1000mm　1/16　印张9¾　字数200千字　2017年6月北京第1版第1次印刷

购书咨询：010-64518888（传真：010-64519686）
售后服务：010-64518899
网　　址：http://www.cip.com.cn
凡购买本书，如有缺损质量问题，本社销售中心负责调换。

定　　价：78.00元

编写人员

主　　编　何雪梅

副 主 编　仇龄莉　李　擘　陈泽津

参编人员　苟智楠　潘　羽　董一丹　张　格　许　彦
张　欢　贾依曼　李　佳　吴　帆　胡　哲
陈孝华　鲁智云　陈　晨　宋丹妮　潘彦玫
武甜敏　金芯羽　李珊珊　贺宇强

本书主编和部分编写人员

珠宝瑰丽　人生美好

序言

PREFACE

信息，如同夜空中闪烁的繁星，令人沉迷与陶醉。但是，有多少人能够懂得，那些深藏于星星里的秘密？在这纷扰匆忙的世界里，人们或许无暇揣摩一张图片后的深情，也许无缘体味一段文字里蕴涵的激情。两只眼睛，每天盯着那块大小不一的荧屏，人们努力地寻找着自己的兴奋点。但是，作者和天上的星星一样，多么希望你在文字间、图片上或光影中得到的不仅仅是短暂的兴奋，而是时常可以回味的记忆。

珠宝，这个大自然的瑰宝，让人奢望与追求。但是，又有多少人能够知晓，那些深藏在珠宝里的奥秘。对于五彩缤纷的珠宝，人们或许更多地关心它的市场价格，以及它的设计款式。然而，在每一粒宝石中，每一块玉石里，都有一个精彩的世界，都有一段传奇的故事。只是，在珠宝美的发现和创造中，在珠宝美的传播与体验中，我们欠缺的是一种表达的能力或表达的方式。

何雪梅老师在长期的珠宝教育和科研中，让珠宝专业的知识成为了更多人的兴趣，让一批批优秀的学生对珠宝拥有了更浓的情怀。一张张精美的图片，一段段唯美的文字，尽情地展现着珠宝的魅力，在朋友圈子的社交中广为传播，在珠宝企业的宣传中被反复引用。本书的出版，让人们有幸在慢下来的节奏中，有缘在静下来的身心上，可以更多地感受、更深地感悟这些珠宝文化中的深情与妙趣。我们也期待，这本书能够像美玉一样浸润心田，像宝石一样装扮人生。

中国珠宝玉石首饰行业协会 史洪岳

前 言

FOREWORD

在当今信息大爆炸的时代，微信作为一种新兴的社交传媒方式迅速席卷全球。无论身在海角天涯，还是近在咫尺，通过微信，人们可以图片、文字、视频等形式即时传递现场信息，表达美好的祝愿与心情，更重要的是可以进行快捷咨询与传播知识。短短数年间，微信已成为众多消费者阅读的主要工具之一。

为了与时俱进，2014 年 6 月，我们师生创建了“hxm-gem”微信公众平台，旨在弘扬珠宝玉石文化，宣传正确的珠宝玉石鉴定知识，解读珠宝消费，介绍珠宝前沿技术与市场咨讯，传递正能量。每一篇文章都是我们工作室成员的原创作品，我们力求做到语言流畅优美、涵盖知识面广、珠宝知识专业且准确率高、科普性强、趣味度高。我们的微信平台内容共分为“珠宝大课堂”“珠宝设计”“名家名作”“寻宝之旅”“学海拾趣”和“最新消息”六大板块，其中“珠宝大课堂”板块文章是在查阅国内外公开发表的相关资料基础上，结合现今市场消费状况，并比对国内外公认的珠宝标准之后撰写而成；“珠宝设计”板块是对国际知名珠宝品牌设计作品以及工作室成员自己的首饰设计作品的介绍；“名家名作”板块是对国内外著名设计师、玉雕大师及知名专家学者及其作品的介绍；“寻宝之旅”板块描述的是工作室成员亲临珠宝玉石矿山和珠宝玉石市场的所见、所闻、所感；“学海拾趣”板块是珠宝学员在求学过程中的感悟；“最新消息”板块是我们工作室成员参加国内外珠宝学术研讨会、时尚设计活动及新闻媒体宣传活动的即时记录。

我们微信平台的文章一经推出，迅速受到众多读者的关注与肯定，并不断被转发在许多网站和其他微信平台上。考虑到还有相当一部分读者喜爱纸质读物进行阅读，为满足更多珠宝爱好者的需求，我们将“hxm-gem”微信平台发布的文章进行整理出版，这便是本书。需要说明的是，其中“珠宝大课堂”和“珠宝设计”两个版块在本书中分别更名为“珠宝品鉴”和“艺术设计”。

本书是一本床头案几小读物，让您在休闲时节、茶余饭后及入睡前，不经意间便学习了解了珠宝玉石的文化、鉴赏、评价、选购、收藏、佩戴与保养知识，全方位领略珠宝玉石的神奇魅力，可谓“小窗观珠宝，世界大不同”。

珠宝瑰丽，人生美好！愿每一位珠宝爱好者都能拥有宝石般美丽的人生！

何雪梅

2017 年 1 月

目 录

DIRECTORY

珠宝品鉴

艺术设计

寻宝之旅

关于我们

APPRECIATION OF JEWELRY
珠宝品鉴

猫咪体态轻盈，眼神锐利，眼眸开合之间尽显神秘魅力。

一双瞳仁剪秋水
—— 猫眼的非凡魅力

文 / 图：许彦

斯里兰卡猫眼原石及切磨成品

大自然在造就世间万物时一定是偏心于它的，不然在众多宝石中为何偏偏赋予它猫一般的灵性。这种灵性就是一种神奇的光学效应——猫眼效应。猫眼石学名叫金绿宝石猫眼，是金绿宝石中的一个特殊品种，最大的特点就是其弧面上轻巧灵动的光带宛若猫的眼睛。

猫眼石（金绿宝石猫眼）是珠宝中稀有且名贵的品种，与钻石、祖母绿、红宝石、蓝宝石并称为“世界五大珍贵宝石”。

猫眼石最著名的产地为斯里兰卡西南部的特拉纳布拉和高尔等地，此外，巴西、印度和俄罗斯等国也发现有猫眼石。

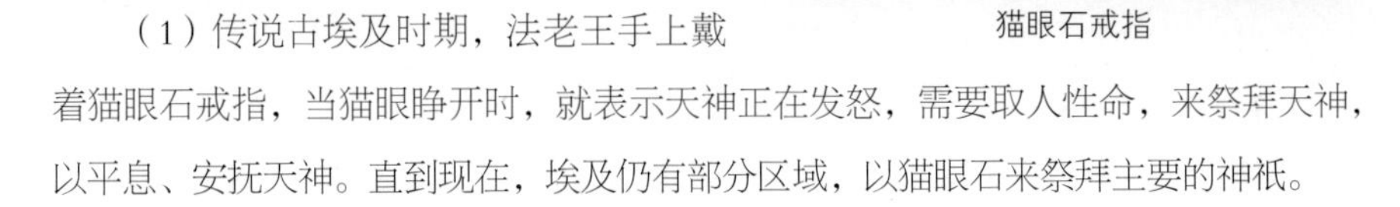

猫眼石戒指

【美丽的传说】

（1）传说古埃及时期，法老王手上戴着猫眼石戒指，当猫眼睁开时，就表示天神正在发怒，需要取人性命，来祭拜天神，以平息、安抚天神。直到现在，埃及仍有部分区域，以猫眼石来祭拜主要的神祇。

（2）在古代中国，斯里兰卡被称为“狮子国”，传说在中国唐朝初年，有一队使节不远万里从印度洋上的“狮子国”带来了一件珍宝进贡给唐玄宗，是一个名曰“狮负”的宝石（即猫眼石），震惊了唐朝皇宫。玄宗皇帝每到艳阳高照时，常取出把玩，并将阳光下呈现眼线最细的那个时辰定为午时。

（3）元朝伊世珍在所著笔记小说《琅嬛记》中解释了“狮负”这个名称的来源，说在“狮子国”的白胡山中，居住着一位养猫的老人，老人与猫相依为命，猫死后，老人很伤心。后来，猫托梦给老人。老人找到猫的眼睛，发现其坚硬如珠、中间还有一条亮带，很是美丽。于是，老人将一只猫眼埋入了白胡山中，另外一只食之，即有一猫如狮子，背着老人腾空而去，老人因此成仙，白胡山中从此盛产猫眼石，猫眼石也就得名“狮负”。

猫眼石的神力终归是传说。而它实实在在的美丽与稀少，使它成为神秘与高贵的化身。

猫眼效应

【猫眼效应的定义】

在光线照射下，以弧面切磨的某些珠宝玉石表面呈现出一条明亮光带，该光带随样品或光线的转动而移动，与猫的眼睛一样，灵活明亮，能够随着光线的强弱而变化，这种现象称为猫眼效应。

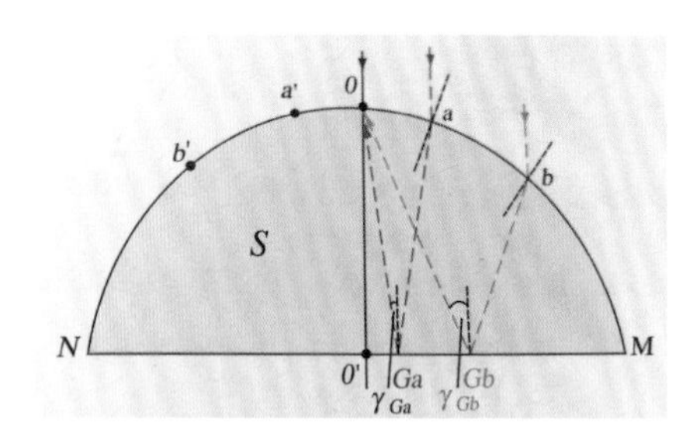

弧面宝石猫眼效应产生原理

【猫眼效应产生原理】

猫眼效应是由于宝石内一组密集、平行排列的包裹体或定向结构对可见光的反射作用所引起的，需满足以下条件。

①宝石内部含大量平行排列的针、管状包裹体或解理，或宝石本身具有纤维状结构。

②宝石必须切磨成弧面型，弧面型宝石的底平面应与包裹体所在平面平行。

③弧面型宝石的高度与反射光焦点平面高度一致，并使亮线平行于宝石的长轴。

【猫眼宝石的品种及命名】

在所有宝石中，具有猫眼效应的宝石可简称为“猫眼宝石”，其品种繁多，除金绿宝石之外，还有海蓝宝石、碧玺、磷灰石、矽线石、欧泊、柱晶石、阳起石、透闪石、透辉石、锆石、木变石（虎睛石、鹰睛石）、蓝晶石、软玉、月光石、石英、方柱石等。

值得大家注意的是，只有具猫眼效应的金绿宝石才能真正称为“猫眼石”，简称“猫眼”。此外，猫眼石的别称还有“猫儿眼”、“猫睛”、“猫精”、“东方猫眼”、“狮负”等。 其他具有猫眼效应的宝石均不能直接称为“猫眼”，必须在“猫眼”二字之前加上宝石的名称，如海蓝宝石猫眼、碧玺猫眼等。

矽线石猫眼

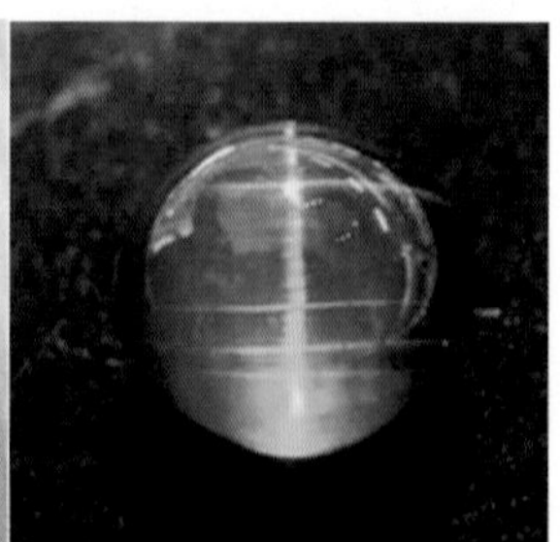
碧玺猫眼

木变石猫眼

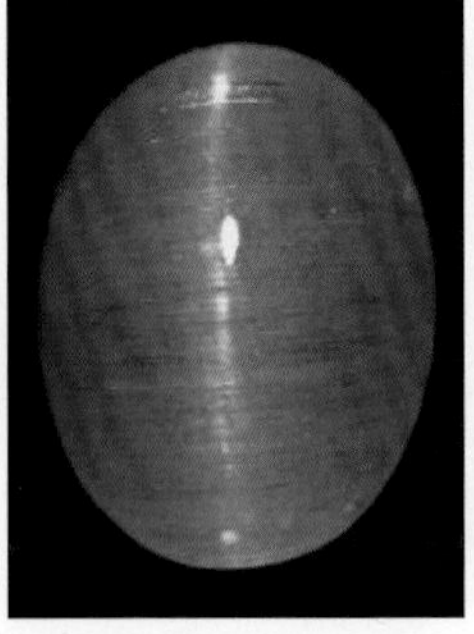

海蓝宝石猫眼

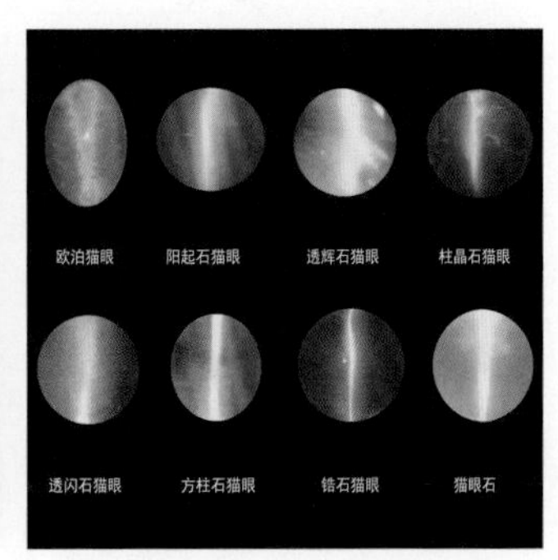

各种具猫眼效应的宝石

【切工对猫眼宝石眼线质量的影响】

所有的猫眼宝石都被加工成弧面型，其眼线质量与切工有着密切的联系，主要对以下两方面有较高要求。

（1）弧面高度

对某一特定宝石而言，其折射率值是固定的，经过包裹体的反射光焦点平面高度一定，所以只有当弧面高度与反射光焦点平面的高度一致时，猫眼眼线才表现为一条窄而亮的光带。一般折射率高的宝石，如金绿宝石，其弧面的高度可以相对较低，折射率低的宝石，弧面要较高才能使猫眼效应突出。

（2）弧面切割方位

底面如果与包裹体、纤维丝的方向不平行，或者弧面不对称，切出来的猫眼眼线就会远离宝石中央，降低猫眼宝石的质量。但在实际操作过程中，切磨工人常为追求宝石的克拉重量，而放弃最完美的眼线，因此，市面上常见不完美的猫眼宝石眼线。

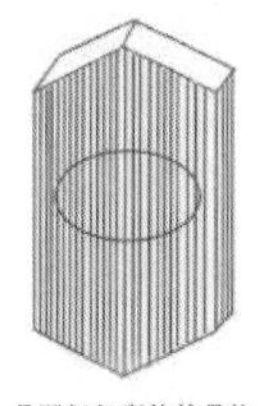

具平行包裹体的晶体

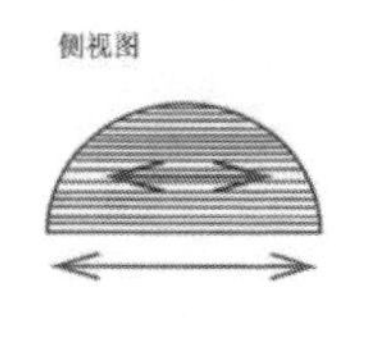

弧面宝石的底面平行于包裹体

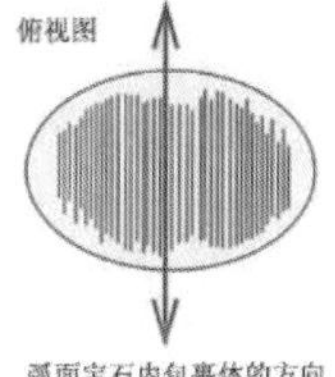

弧面宝石内包裹体的方向

光的反射线

具猫眼效应宝石的切割

【猫眼石的鉴别特征】

不同色调的猫眼石

猫眼石的折射率为 1.75~1.76（点测），玻璃光泽至亮玻璃光泽，相对密度通常为 3.73，摩氏硬度 8~8.5。

放大检查，猫眼石内部可见密集平行排列的丝状包裹体。

猫眼石可呈现多种颜色，如蜜黄、黄绿、褐绿、黄褐、褐色等，并具有独特的“乳白－蜜黄”效应，即在 45° 斜射光下，猫眼石的向光一半呈现其体色，而另一半则呈现乳白色。

猫眼石与其他猫眼宝石的鉴别，可通过肉眼观察其颜色、猫眼眼线特征，并结合折射率、相对密度、摩氏硬度、放大检查等方面的检测进行一一区分。例如，猫眼石的颜色多为蜜黄、褐黄色，眼线灵活、纤细、明亮，放大检查可见丝绢状包裹体；碧玺猫眼常为黄、棕绿、粉红、蓝绿等颜色，眼线中等粗细、较灵活，放大检查内部可见长管状包裹体。

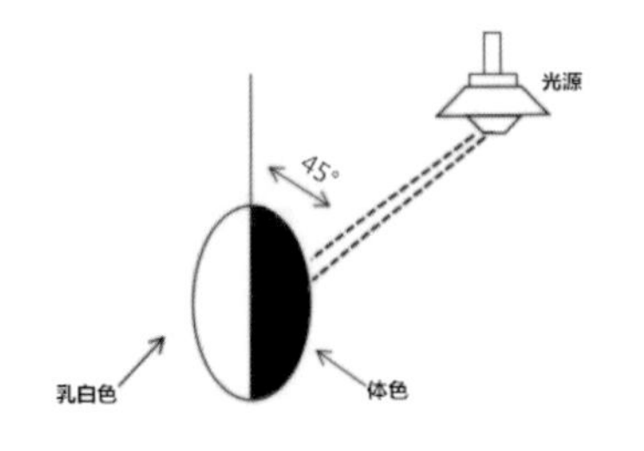

猫眼石的“乳白－蜜黄”效应

【猫眼石仿制品——玻璃猫眼】

猫眼石最常见的仿制品是人造玻璃猫眼，主要是通过加热并拉成丝束状的细玻璃丝加工成弧面型宝石而产生出猫眼效应。在玻璃猫眼的侧面垂直于光带的方向，使用放大镜即可观察到蜂窝状结构，结合其过于完美的眼线使得玻璃猫眼易于识别。

各种颜色的玻璃猫眼

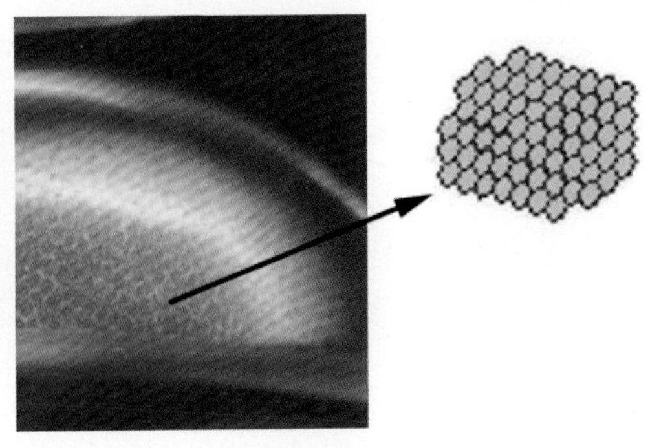

蜂窝状结构

【猫眼石的评价标准】

猫眼石的质量评价因素主要为颜色、透明度、猫眼效应、琢型、重量等。

颜色

猫眼石的颜色有多种，蜜黄色是猫眼石的最佳颜色，颜色等级依次为蜜黄色、黄绿色、褐绿色、褐黄色等。浅颜色的猫眼石会弱化眼线的清晰程度，导致价值降低。

猫眼石首饰

透明度

猫眼石一般以半透明为佳，这可使光带与体色对比更加清晰，过于透明会影响猫眼效应的明显程度。

重量

重量越大者越珍贵。一般情况下，10 克拉以上的猫眼石有很高的收藏价值。

琢型

琢型的匀称程度对价值有一定影响，比例适中，弧度与厚度协调的琢型可使猫眼石的眼线清晰明显。

猫眼石首饰

猫眼效应的完美程度

优质的猫眼石要求眼线平直、均匀、连续、清晰、明亮，且位于宝石的正中央。眼线的颜色应与背景形成鲜明对照，要显得干净利落。高品质猫眼石的眼线随入射光的变化可以灵活转动，俗称“猫眼活光”。

【稀世珍宝——变石猫眼】

值得一提的是，有一种更为珍贵的猫眼宝石品种——变石猫眼，是一种既具有变色效应又具有猫眼效应的金绿宝石，为稀世珍宝。

评价变石猫眼，特殊光学效应的因素排在首位，既要考量猫眼眼线的清晰、居中、明亮和灵活程度，也要考虑变色效应的色彩和明显程度，同时也要考虑宝石的琢型、净度、切工和重量大小。

一双瞳仁剪秋水，不枉岁月只缘君。神秘珍贵的猫眼石一直受到国际宝石收藏家和爱好者的追捧，随着中国彩色宝石市场逐渐升温，国人对猫眼石的关注度也越来越高。猫眼石之所以能跻身“世界五大珍贵宝石”，其原因不仅在于它的珍稀，更在于它可人的外观——奇特的猫眼效应，大自然的偏心让它集各种优势于一身，成为宝石世界里光彩耀眼的一员。让我们用心去感受猫眼石那梦幻般的美丽和神奇的魅力吧！

变石猫眼

抬首仰望星空，星河灿烂，繁星闪耀，神秘的星空总给人无限遐思。

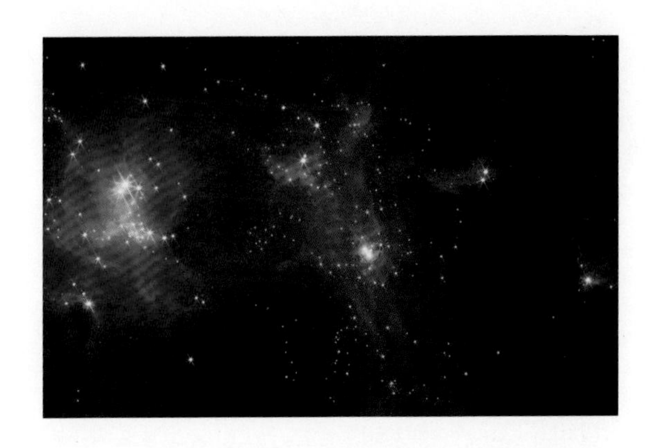

月华辉耀，星光盈满
——细说宝石的星光效应

文 / 图：张欢

星辰，在黑夜中照亮大地，总是带给人希望与温暖 ，星光璀璨闪耀，美丽动人。同样，在美丽动人的宝石当中，也存在着这样一种酷似星光、美丽而又神奇的现象：当有光照射到宝石表面，我们可以看到两条或三条相互交叉的光线，有时甚至会出现六条。这个光线发出的光就像天空中闪烁的星光一样美丽，而当光源移动，宝石表面的这些光线也会随着一起移动。这种现象在宝石学中，被称为宝石的星光效应。接下来，让我们一起来感受宝石中的星光闪烁吧！

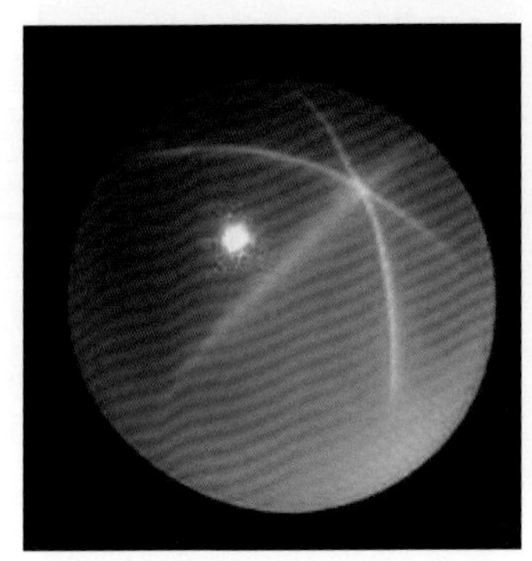

星光芙蓉石

【星光效应的定义】

星光效应是指表面被琢磨成弧面型的宝石，在光线的照射下呈现相互交汇的星状光芒的现象，根据星状射线的数量可分为四射（十字）、六射或十二射星光。

四射星线的星光透辉石

六射星线的星光蓝宝石

十二射星线的紫色星光蓝宝石

【星光效应产生的原理】

概括来说，星光效应是由于内部含有密集平行定向排列的两组或两组以上针状或纤维状包裹体所致。具体来讲，产生星光效应有三个必要条件：

①宝石必须为弧面型切工；

②宝石必须含有二组或二组以上定向排列的纤维状包裹体或内部结构；

③弧面型宝石的底面必须和这些包裹体或结构所在平面平行。

星光效应与猫眼效应的形成机理类似，都是宝石及宝石内定向包裹体或结构对可见光的反射作用引起的。与猫眼效应不同的是，星光效应是几组包裹体与光作用的综合结果，这些包裹体按一定的角度分布。

以星光红宝石为例，红宝石的晶形呈六方柱状，垂直结晶轴的平面内常含有三组相互间呈 60° 夹角的金红石包裹体。将这三组包裹体分开，每一组所形成的星线其实就是该方向的猫眼效应了。当这三组金红石包裹体按照 60° 夹角排列时，这三条猫眼眼线相互交叉，形成了红宝石的星光效应。当两组六射星光以 30° 交叉时，便会形成十二射星光。

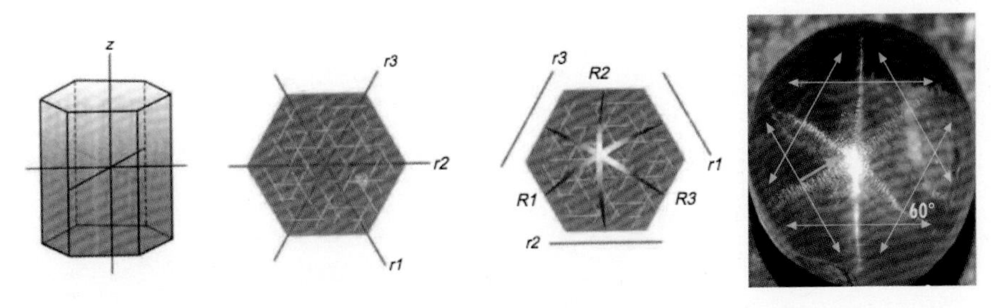

星光红宝石中包体分布图

【具有星光效应的宝石品种】

市场上常见的星光宝石品种有星光红宝石、星光蓝宝石、星光芙蓉石、星光石榴石、星光透辉石，除此之外还有极为少见的星光祖母绿、星光尖晶石、星光绿柱石（褐黑色）、星光月光石、星光欧泊等。

星光尖晶石　星光欧泊

星光石榴石　星光红宝石

星光蓝宝石首饰

【天然与合成星光宝石的辨别】

值得消费者关注的是，市场上也有合成的星光宝石出售，主要为合成星光红宝石与合成星光蓝宝石，其与天然星光红宝石和天然星光蓝宝石的鉴别特征如下。

天然星光红、蓝宝石的星线从内部发出，星线交汇处有加宽加亮现象，即星线粗细不太一致，星线中间粗两端细，俗称“有光有辉”。这是由于其内部包裹体发育不一致所造成的，但星光表现得自然、灵活。

合成星光红、蓝宝石的星线粗细均匀，星线交汇处无加宽加亮现象，俗称“有光无辉”。星光浮于表层，且星光较呆板。

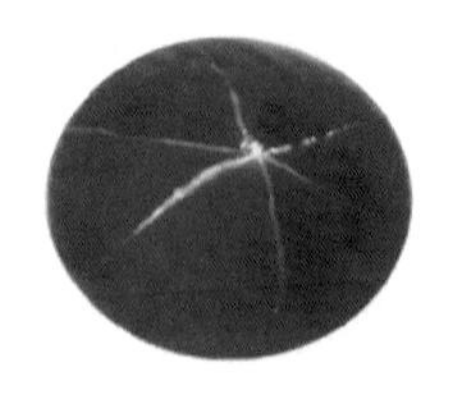

天然星光红、蓝宝石

合成星光红、蓝宝石

【星光宝石的质量评价】

对具有星光效应宝石的质量评价，应该从宝石表面星线质量、宝石颜色以及宝石内部瑕疵状况三个主要方面来综合考量。

星线质量

星线要端正明亮，尽量不出现扭曲或者存在缺失。

端正是指星线的交点要尽量位于半球状宝石顶部的正中央（即最高点），交点一偏，会导致整个星光偏离中心，影响美观。

星线质量较高的星光红宝石首饰

明亮是指星光越亮越佳，优质的星光即使在管状日光灯的照明下也清晰可见。

除了星线要端正明亮，星线越平直越完整，没有扭曲，则质量越高。

宝石的颜色

对于具有星光效应的宝石来说，颜色越鲜艳、越均匀、

星线质量略逊的星光蓝宝石首饰

越饱满，则越好。

就星光红宝石和星光蓝宝石来说，颜色对于价值有非常大的影响，星光红宝石以鲜红色为佳，星光蓝宝石以浓艳的蓝色为佳，颜色暗、淡、不均匀、不饱满者质量较差。

透射光下具色带及内部包裹体的星光宝石

内部瑕疵

星光效应的产生，是由于内部存在平行排列的包裹体，这使得宝石内部难免会有瑕疵，但是对于投资收藏或者购买，自然还是瑕疵或者裂痕等越少越好。购买时尽量避免带有强烈的色带、龟裂纹及其他不美观的内含物的星光宝石，若有龟裂纹延伸至表面，它可能夹带脏污甚至危及宝石的坚固性。宝石表面应有良好的抛光，否则会阻碍星光在表面的分布或灵活性。

颜色鲜艳的星光红宝石首饰

“清溪水上绿萍覆，合欢花蕊粉如霞。杨柳叶青枝垂水，碧影荷点风卷莲。明月高悬星光伴，灯花燃窗家常暖。”仰望星空，群星闪耀。俯首大地，亦见“星光”璀璨。这些具有星光效应的宝石，仿佛星星下凡，把美带向人间。来自星星的宝石，叫人如何不痴迷?

颜色鲜艳的星光蓝宝石首饰

佳人倾城，也逃不过岁月的追逐，时光慢些吧，愿她再流连青春的曼妙，愿她着金珍珠的皇冠，再舞一曲，月明与华裳。

一顾倾人城，再顾倾人国
—— 优雅高贵的金珍珠

文 / 图：张欢

香奈儿女士（Coco Chanel）

如果说珠宝是女人的“好朋友”，那么珍珠一定是朋友中最亲密、最知心的那一位了。她温婉大气却又平易近人，她雍容华贵却又低调不语，她高雅端庄却又静谧祥和。历尽磨难方可出世的珍珠，宛如坚强独立的女性，散发着高贵与优雅气质。

时代在改变， 社会在发展，珠宝首饰的品种越来越丰富，款式也与时俱进。同样，人们对于珍珠的喜爱也不再局限于简单的白色与圆珠型款式，而是开始追求时尚，追求个性。于是金珍珠渐入人们的视线，越来越多地出现在市场中，深受广大女性消费者的青睐。

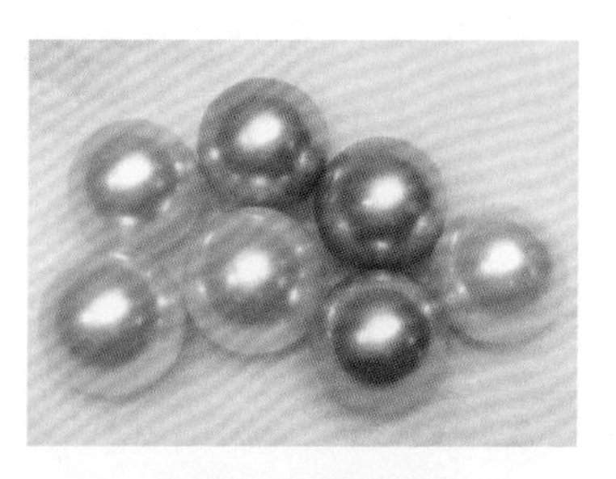
金珍珠、白珍珠裸珠

【代言优雅——魅力金珠】

珍珠的颜色综合了体色、伴色和晕彩。珍珠的体色大致被分为五个系列，分别为：白色系列、黄色系列、红色系列、黑色系列和其他颜色系列。金珍珠源自黄色系列里的金色，黄色系列中还有浅黄色、米黄色和橙黄色等。

白色是珍珠中最为人熟知的颜色，但如今，白珍珠似乎已经不能满足人们对于时尚与美的追求。伴随着现在珍珠养殖业和珍珠产业技术工艺的发展与进步，其他颜色，尤其是金珍珠，似乎越来越被大众所推崇。

镶有各种颜色珍珠的项链

【金珍珠的产地】

金珍珠属于海水养殖珍珠，常常产于白唇贝或金唇贝两种母贝中，缅甸、巴布亚新几内亚、印度、日本、菲律宾、印度尼西亚、澳大利亚、中国、泰国等地是这两种母贝的主要产地。这两种母贝通常体积巨大，因此养殖出的白色或者金珍珠个头也比较大，珍珠直径通常为 9~16mm。金珍珠的产量极少，因此，相比于其他颜色质量相当的珍珠而言，金珍珠的价值更高。

金唇贝与金珍珠

目前，印度尼西亚是世界上产出金珍珠最多的国家，虽然缅甸、马来西亚、日本、中国、澳大利亚等国也均有产出金珍珠，不过都产量较少。

缅甸养殖的金珍珠，是伴随着白色珍珠的

生产而产出的。约在 15 年前，缅甸就已产出品质较为上等的金珍珠。

马来西亚曾经产出品质较好的金珍珠，但是现在已经停止产出。日本金珍珠产于阿玛米岛周围的冲绳区，冲绳区本来也是海水养殖珍珠的产地，日本产出的金珍珠颇具特色，略呈铜绿色，与其他国家不尽相同。

作为养殖白色南洋珍珠的后起之秀，澳大利亚目前已成为世界上白色珍珠产量最大，收益最多的国家。在生产白色珍珠的同时也生产金珍珠，澳大利亚产出的金珍珠大多呈淡黄色至金黄色。

金珍珠耳坠

【金珍珠的评价与选购】

对于金珍珠的评价和选购，主要从尺寸、形状、光泽和表面光洁度这四方面着手。

金珍珠戒指

尺寸 金珍珠的常见大小为直径 9~12mm，12~15mm 大珍珠较为贵重，15mm 以上的金珍珠则非常稀少。越难得，同等质量下尺寸越大的南洋金珍珠价值越高。

形状 精圆饱满的南洋金珍珠，价值最高，其次是近圆、椭圆、水滴形，最后是不规则异形。

光泽 珍珠层厚度决定了珍珠的光泽，珍珠层越厚，珍珠光泽越强，光泽越强的珍珠就越漂亮。优质的南洋金珍珠，转动珍珠每一个角度光泽都是强润而富有灵气的，由内而外散发出来。

表面光洁度 金珍珠表皮的瑕疵越少，价值越高。大部分金珍珠总有那么一点点天然的瑕疵，能够达到极微瑕和无瑕净度的，在金珍珠中比较难得。

金珍珠项链

目前市场上金珍珠首饰类别多为单珠形式的戒指、吊坠、耳环，因在众多的金色珍珠中挑选出一串优质的金珍珠项链，常需要很长时间，所以金珍珠串链的价值普遍较高。

【金珍珠首饰作品】

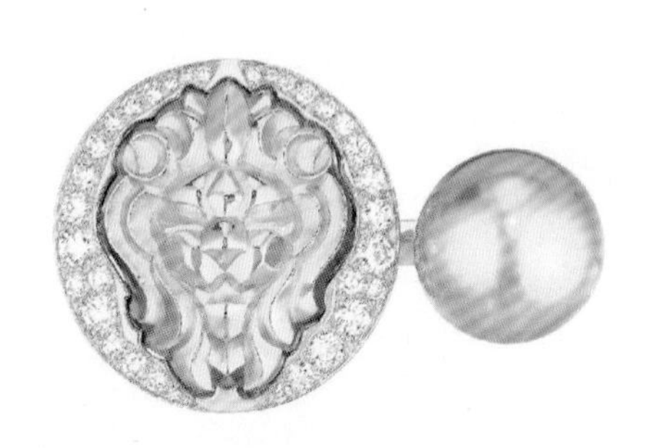

香奈儿（CHANEL）
Sous le Signe du Lion 系列戒指

金珍珠搭配白珍珠手镯

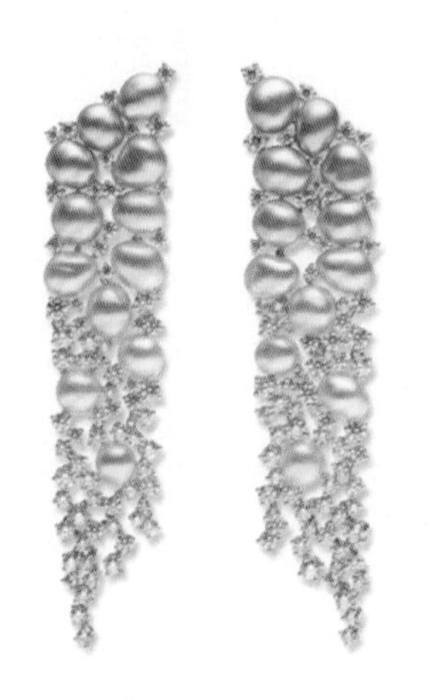

塔思琦（TASAKI）
金珍珠、白珍珠耳坠

正所谓：“珍珠无价玉无瑕”。自古以来，珍珠在中华文明的传承中，始终占据着不可替代的位置，如今依然散发着无穷无尽的魅力。就在这群星璀璨的珍珠世界，金珍珠以其闪耀的外表，高贵典雅的气质，在众多珍珠品类中脱颖而出，成为了当之无愧的宝石皇后。

生活中的诱惑太多太多，还保有好奇心吗？再多探索吧，多看看这个世界的闪光点，比如好吃的食物，比如好看的风景，比如闪锌矿的光芒。

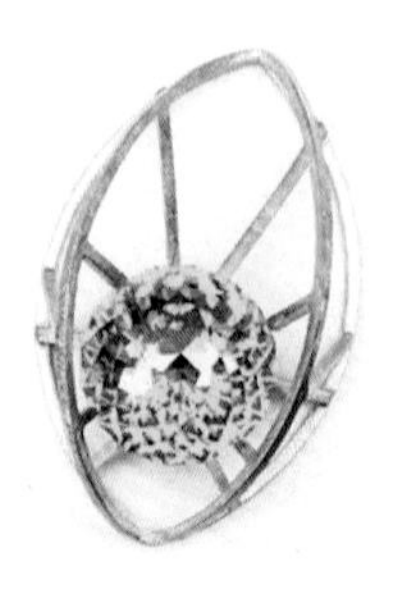

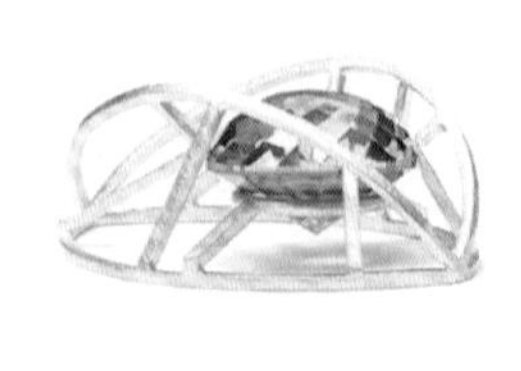

稀有宝石知多少
—— 闪锌矿

文 / 图：陈孝华

闪锌矿耳饰

珠宝展上，除了被祖母绿、红宝石、蓝宝石、碧玺等各种熟知的彩色宝石所吸引之外，我们的目光也偶尔会聚焦在另外一种独特的宝石——它有着黄绿或者橙红色的外观，闪耀着强烈的火彩，这就是闪锌矿。下面就来了解一下这个比钻石还闪耀的彩宝家族的小伙伴吧！

闪锌矿？当我们一听到“矿”字，最先想到的一定是貌不惊人的矿石。是的，闪锌矿的主要化学成分是ZnS，是一种非常重要的含锌硫化物，常见于各种高、中温热液矿床和接触交代矿床中，经常被用来提取 Zn 或者作为寻找稀有元素的标型矿物。当它作为标型矿物时，它所呈现出的的确是这种灰秃秃的样子。

闪锌矿矿物标本

既然是闪耀的宝石，怎么可能就是这样呢？其实，长期以来，具有美观晶形的闪锌矿作为矿物晶体标本一直受到人们的喜爱。作为矿物来说，闪锌矿的足迹几乎遍布世界各地，如墨西哥、美国（俄亥俄州和新泽西州）、秘鲁、英国、瑞士、西班牙、德国等，我国的云南、湖南、广西、广东、吉林等地也有闪锌矿晶体产出。

闪锌矿矿物晶体

耀眼夺目、晶体完整粗大、透明、无裂痕的闪锌矿晶体是矿物晶体标本中的佳品，其中红、绿等罕见颜色的晶体具有更高的价值。闪锌矿常与石英、萤石等浅色矿物共生，基岩颜色浅的矿石更容易衬托出闪锌矿晶体颜色的炫目与美丽。

达到宝石级的闪锌矿非常稀少，这就和闪锌矿的性质密切相关了。

闪锌矿天然发育多组解理，晶面上常会出现聚形纹和三角蚀像，摩氏硬度较低，在自然界的严酷考验下很容易破碎。

纯净的闪锌矿是无色的，但闪锌矿内部通常含有大量的铁元素，随着闪锌矿中铁元素含量的增加颜色逐渐加深，由浅黄、棕褐向黑色过渡。大部分的闪锌矿因为铁元素的含量过高而呈现通体乌黑的外观。

闪锌矿矿物晶体

除了铁元素外，其他致色元素的出现会使闪锌矿呈现出绿色、红色和黄色等明亮的色彩。沉稳的棕色、张扬的红色、明媚的橙色、清新的黄色和低调的绿色都是宝石级闪锌矿的常见颜色。

较高的相对密度（3.90~4.20）、高折射率（2.37）

各式切工的闪锌矿裸石

各色闪锌矿

和较低的摩氏硬度（3~4.5）是闪锌矿的重要特征。高折射率使闪锌矿呈现出耀眼的金刚光泽。论起火彩，即便是宝石之王的钻石也要败下阵来，不用刻意地转换角度，也不用灯光的衬托，那闪烁的七色彩光就能瞬间吸引人们的视线。

具有猫眼效应和星光效应的闪锌矿

宝石级的闪锌矿通常要求颜色鲜艳、明亮，净度好，透明度高。

值得一提的是，产于西班牙的星光闪锌矿和闪锌矿猫眼是闪锌矿中的特殊品种，数量稀少，多发育色带色块，眼线或星线细直明亮是其显著特点。

闪锌矿首饰套装

闪锌矿是宝石中的小众品种，市场上并不常见。随着近年来国内彩色珠宝市场的发展，越来越多的人着眼于闪锌矿这种美丽而过去鲜有问津的珠宝品种。我们相信，当您亲眼目睹闪锌矿宝石时，您一定会被它耀眼的光芒和闪烁的火彩所打动。

四月清晨，烟气呓呓萦绕，枯木点绿，春雨簌簌如昔。和田人家劳作生息，如玉岁月间，温润永恒。

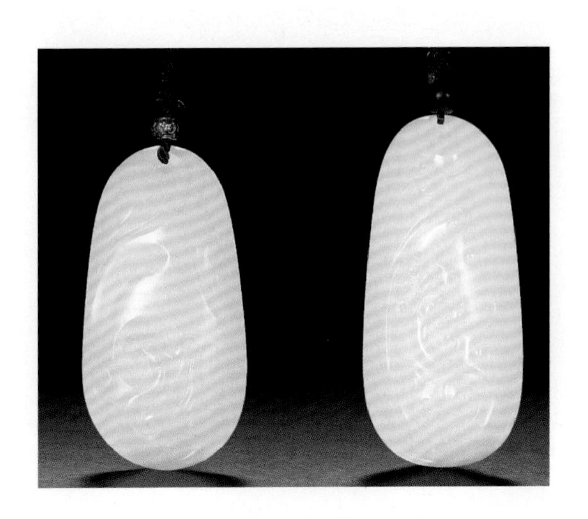

至仁至纯
——和田玉

文/图：仇龄莉

和田玉籽料原石

和田玉细致、温润、明洁、含蓄、内敛不张扬，有着玉特有的温度与气质，象征着永恒、仁爱、智慧、纯洁、美好。

古往今来，中华儿女与和田玉就有着不解之缘，文人墨客们更是对和田玉不吝赞美之词，“亭亭玉立”的美好姿态，“如花似玉”的姣好容颜，“冰清玉洁”的纯洁品质，“宁为玉碎，不为瓦全”

的铮铮傲骨，“玉树临风”的潇洒风姿，“金玉满堂”的富足殷实……和田玉成为了人们心中美的化身。

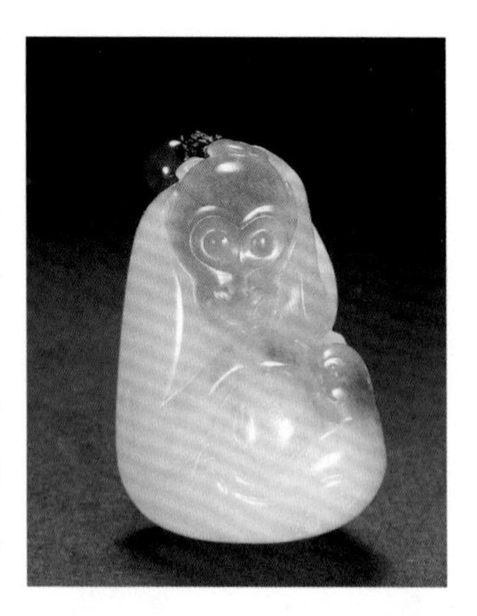
和田玉籽料《灵猴献寿》 赵显志

在广阔的中国大地上，和田美玉所代表的并不仅仅是装饰的美感，而是中华民族的根与魂，是中华文化自古以来的积淀，是博大精深东方文明的化身。

孔子在《礼记·聘义》一书中写到“夫昔者君子比德于玉焉：温润而泽，仁也；缜密以栗，知也；廉而不刿，义也；垂之如队，礼也；叩之，其声清越以长，其终诎然，乐也；瑕不掩瑜、瑜不掩瑕，忠也；孚尹旁达，信也；气如白虹，天也；精神见于山川，地也；圭璋特达，德也；天下莫不贵者，道也。”以玉之十一种美好品质来比喻君子的美德。

和田玉籽料《春晖生雨》 翟倚卫

这“仁、知、义、礼、乐、忠、信、天、地、德、道”十一德为：温润有光泽，是仁；质地坚硬而致密，是知；玉有棱角而不伤人，是义；悬挂时沉稳端庄，是礼；敲击玉时，起音悠长，终了顿挫，体现了音乐的美感，是乐；光华不遮掩瑕疵，是忠；色彩光泽自内而发，是信；光耀仿佛白虹，汲取了上天的灵气，是天；凝结了大地的精髓，是地；玉制的圭璋被用于礼仪，是德；天下人都重视和珍爱玉，是道。

孔子将人与德通过玉连接起来，将“君子无故，玉不去身”展现得淋漓尽致。经过千百年来的传承，玉德已从“十一德”演化成当今的“五德——仁、义、智、勇、洁”。

孔子像

和田玉因盛产于新疆南部的和田地区而得名，英文名称为 Nephrite 或 Hetian Yu。在古代，和田地区被称为“于阗”，意为“出产玉石的地方”。美丽温润的和田玉诞生于巍巍昆仑山脉，吸日月之精华，汇天地之灵气，称得上大自然的精灵。

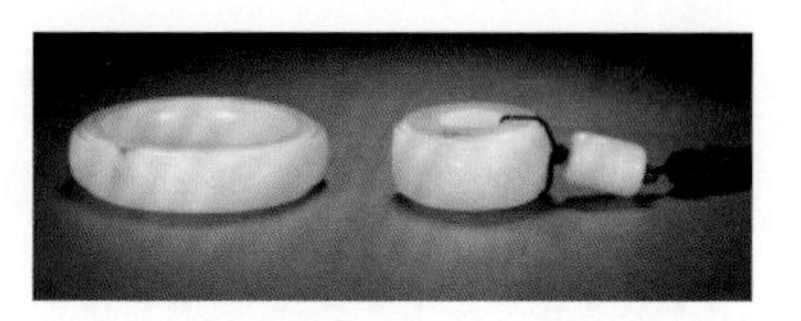

和田玉籽料《守护》套装 葛洪

和田玉（矿物名称为软玉）是以透闪石、阳起石为主要组成的矿物集合体。和田玉的折射率为 1.60~1.62（点测），相对密度为 2.90~3.10，摩氏硬度为 6~6.5。和田玉质地细腻，具毛毡状交织结构，以微透明者为多，极少数为半透明，呈油脂光泽、蜡状光泽或玻璃光泽。

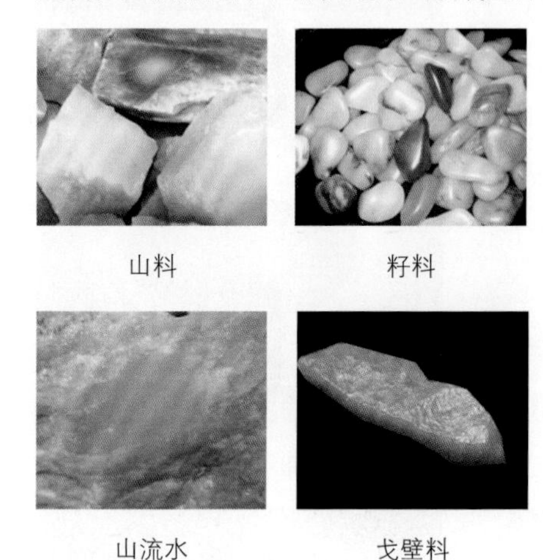

山料　籽料

山流水　戈壁料

需要说明的是，根据国家标准（GB/T16552—2010），和田玉这一名词已不具地域概念，并非特指新疆和田地区出产的软玉，而是一类产品的名称，目前产出和田玉的地区主要有我国（新疆、青海、辽宁地区）以及俄罗斯、韩国等。

和田玉根据其产出状态可分为山料、籽料、山流水料以及戈壁料，其中籽料表面常常带有皮色。

和田玉颜色丰富，种类繁多，常见浅至深绿色、黄色至褐色、白色、灰色、黑色。按颜色的不同可以将和田玉分为白玉、青白玉、青玉、碧玉、墨玉、青花玉、黄玉、糖玉等。

和田白玉是和田玉中最具代表也最具盛名的玉种，最顶级的和田白玉被称为“羊脂白玉”，即指像刚刚切开的肥羊脂肪一样洁白、油润、细腻，是白玉中质纯色白的极品，具备最佳光泽和质地。

和田玉产出的块度大小不同，造就了其玉器雕刻形制的各不相同：小到戒指（扳指）、耳饰、手镯来点缀佩戴；中有挂件、玉牌、把件来题诗作画，彰显气质；大至摆件、山子，描山画水、诗情画意供人赏玩。和田玉器种类各异，给予了

各色和田玉牌

玉石雕刻家们充分发挥的平台。

正如“一片冰心在玉壶”的诗意，和田玉与君子的品性德行互喻，君子如玉、玉如君子。因此，和田玉成为了国人最喜爱的传承之物：新婚夫妇以玉结缘，交换玉佩，代表了对彼此的忠贞坚守、至死不渝，成就一段“金玉良缘”；家族长辈将伴随一生的玉佩传予下一代，传承的不仅是一块美玉，更是对家庭幸福、香火延续的美好愿望。

在充满诗意的季节里，人们安静地享受阳光，以岁月为诗篇，以玉为永恒，将美好种入心田，将温暖播撒人间。和田玉承载着中华文化的美好愿景，为人们带来内心的宁静与平和。愿您永远纯洁善良，从容淡定，让富有灵性的和田玉陪伴着您追求永恒的幸福吧。

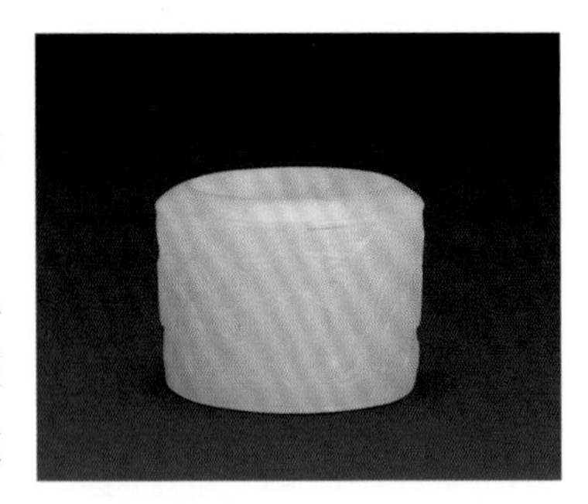

白玉福寿扳指 清代

和田玉籽料手镯

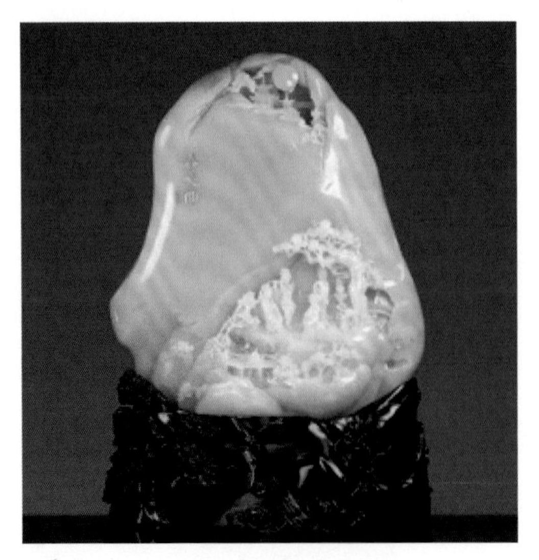

和田玉山子《春夜曲》刘月川

和田玉籽料《龙凤》对牌 蒋喜

似仙子落入人间，幻化无边，和田玉的颜色带给我们太多惊喜，太多赞叹！

——和田玉颜色大盘点

文 / 图：仇龄莉

墨玉、白玉、碧玉圭（三件套）刘海

似远山般坚实厚重，却又似流水般温润清凉；似君子般铮铮傲骨，却又似美妇般温柔恬静；集天地钟灵一身的和田玉仿佛一群千姿百态的仙子，总是为我们带来无数的欢喜与惊艳。今天，就让我们一起来领略和田玉的风采吧。

王逸《玉论》中载玉之色为："赤如鸡冠，黄如蒸栗，白如截脂，墨如纯漆，谓之玉符。而青玉独无说焉。今青白者常有，黑色时有，而黄赤者绝无。”是将和田玉分为了白、黄、墨、青、赤五种颜色，与五行学说相对应。而现在，按颜色的不同，我们将和田玉分为白玉、青白玉、青玉、墨玉、黄玉、碧玉、糖玉七大类，其他颜色的和田玉还可以进一步划分出一些小品种。

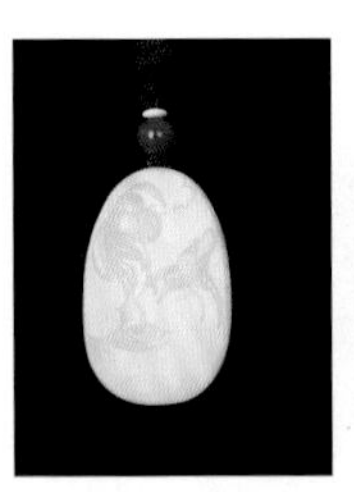
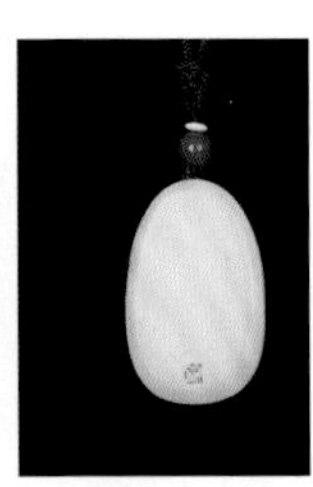

和田白玉挂件（闪青）

【白玉】

白玉的颜色为白色，可略泛灰、黄、青等杂色，颜色柔和均匀，有时可带少量糖色或黑色。一般说来，白玉以色白者为最优，但它的白度很少有一样的，有的闪青，有的闪绿，也有的闪灰，所以行业中多形象地称呼为“青白”“灰白”等，也有用“梨花白”“象牙白”“鱼肚白”“糙米白”“鸡骨白”等来比喻。

和田白玉狮子（闪灰） 东汉

需要说明的是，有的白玉籽料经氧化表面会带有一定颜色，形成了天然而丰富的各种皮色。

和田玉籽料

白玉中品质最好的被称为羊脂白玉，颜色“白如截脂”，柔和均匀，给人一种刚中见柔的感觉。羊脂白玉通常质地致密细腻，光洁坚韧，基本无绺裂、杂质及其他缺陷，目前世界上仅新疆和田有此品种，产出十分稀少，极其名贵。

【青玉】

青玉的颜色常呈青至深青、灰青、青黄等色，古籍记载有蝴子青、鼻涕青、蟹壳青、叶青等，颜色柔和均匀，有时可带少量糖色或黑色。青玉产量最大，常有大料出现，因此也常被做成精致的摆件或器皿件。和田青玉有韧度高、油润性好的特点。韧度好的青玉经得起琢磨，因而制作薄胎器皿时常

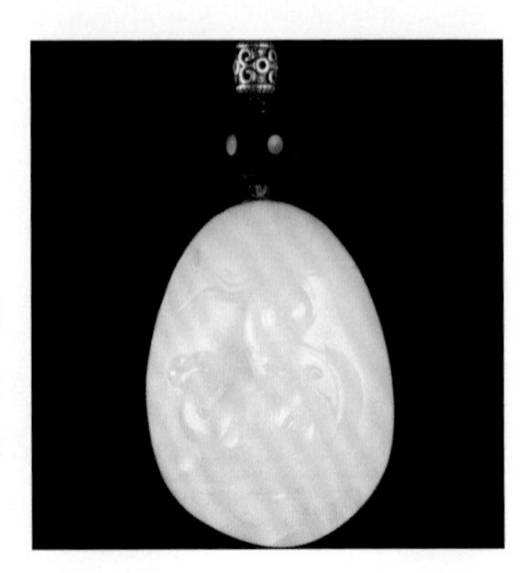

和田羊脂白玉《太平有象》 吴金星

选择和田青玉。

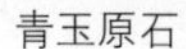

青玉原石

薄胎青玉酒壶酒杯《邀明月》 俞艇

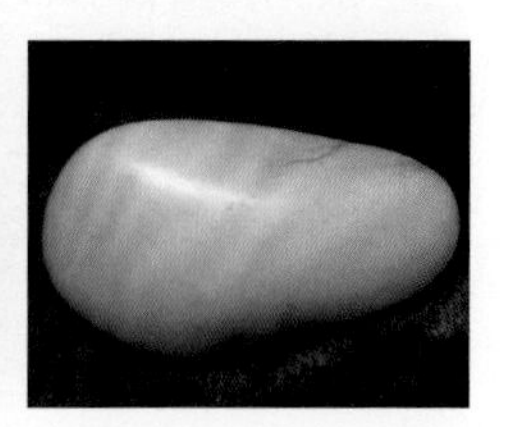

和田青白玉籽料

【青白玉】

青白玉以白色为基础色，介于白玉与青玉之间，颜色柔和均匀。

青白玉杵 唐

【墨玉】

墨玉颜色以黑色为主（占 60% 以上），多呈叶片状、条带状聚集，可夹杂少量白或灰白色，颜色多不均匀，依形可命名为“乌云片”“淡墨光”“金貂须”“美人鬓”等。墨玉的墨色是由于玉中含有细微石墨鳞片所致，墨色多呈云雾状、条带状分布，也有墨色中带有黄铁矿细粒，成星点状分布的，俗称“金星墨玉”。

【碧玉】

碧玉颜色以绿色为基础色，常见有绿、灰绿、黄绿、暗绿、墨绿等颜色，颜色较为柔和均匀。碧玉中常含有黑色点状矿物。碧玉的绿色有鹦哥绿、菠菜绿、松花绿、白果绿等，透光、色润如菠菜者为上品。

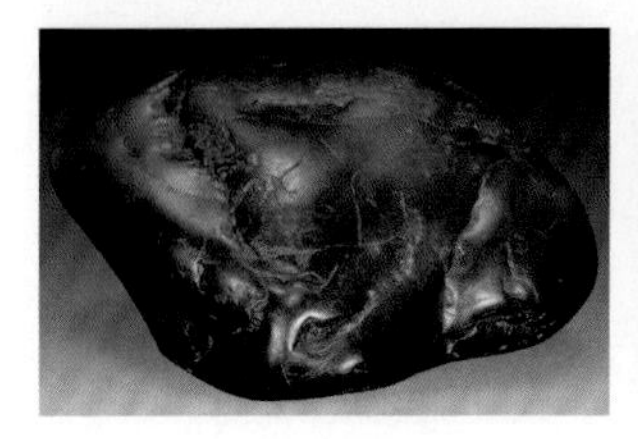

和田墨玉籽料

墨玉摆件《五子戏象》 顾永俊

碧玉水盂 马洪伟

碧玉手镯

黄玉原石

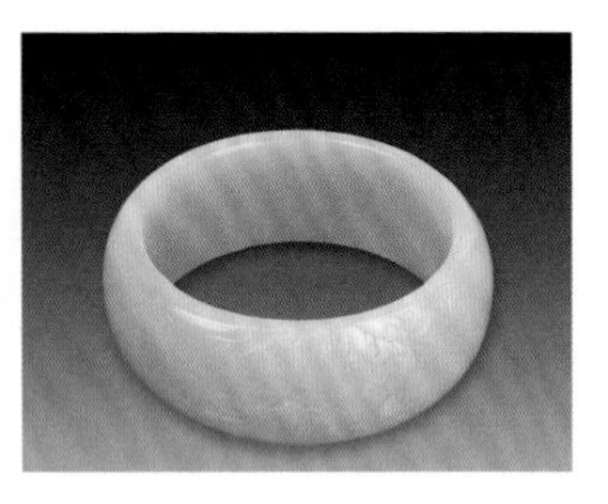

和田黄玉手镯

【黄玉】

黄玉颜色淡黄至深黄，可微泛绿色，颜色柔和均匀。黄玉颜色可分为黄色、蜜蜡黄、栗子黄、米黄色等，以颜色浓郁纯正者为佳，如蜜蜡黄、栗子黄等。黄玉十分稀少，主要产于新疆的若羌县。

【糖玉】

和田玉中常有糖色分布，糖色属于次生色，当原生矿暴露于地表或接近地表时，由于铁的氧化浸染而呈类似于红糖的颜色，俗称“糖色”。糖色可厚可薄，也可沿裂隙分布。

糖玉颜色有黄色、褐黄色、红色、褐红色等。一般情况下，如果糖色占到整件作品的 80% 以上，可直接称之为糖玉。如果糖色占到整件作品的 30%~80%，可称之为糖白玉、糖青白玉等。

【青花】

和田玉青花料借鉴了青花瓷的称谓，其黑、白两色以墨色为主，白色为底子或点缀。一黑一白简单的色彩对比，反而使两种玉色显得愈加纯粹，恰似青花瓷的雅致。

糖玉手镯

和田玉糖白玉手镯

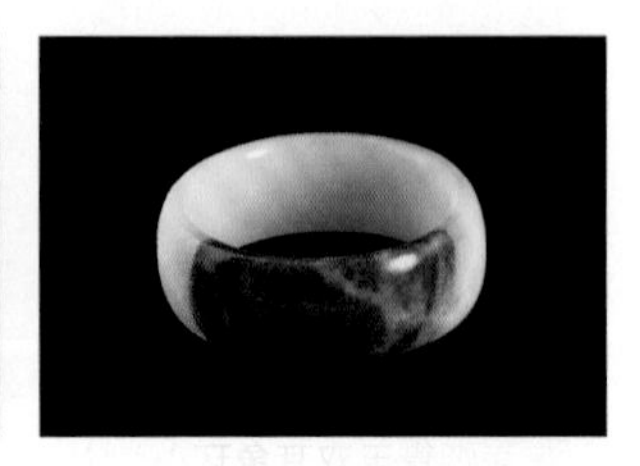

和田玉青花手镯

经典的青花玉黑白分明，犹如浓烈的墨汁滴入纯净的静水之中，墨色滚动翻腾，却又不离不散，似动若静，寓动于静，分合有界，却又浑然一体，那种流质般的意蕴意境，充满了哲思禅机。

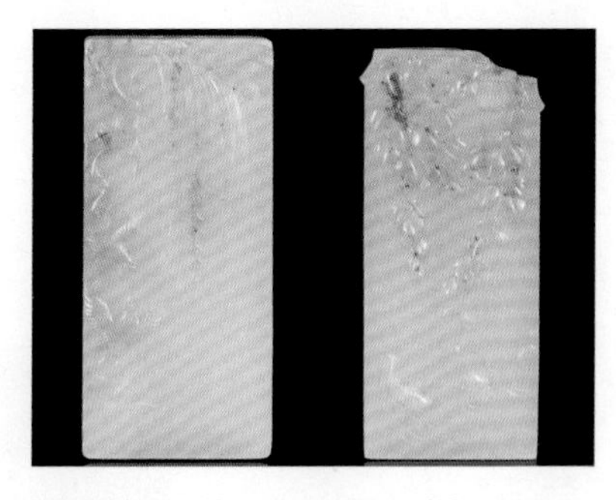

翠青料巧雕《春风又绿江南岸》 赵显志

【翠青】

和田玉青海料中的翠青料，是指在和田玉（通常是白玉）上部分着翠绿色条带的玉，它有白玉的凝重，又有翠绿色的鲜活。其绿色附在白色的底上，似春天枝头的嫩芽，给人以生机盎然，蓬勃向上的感觉。作为和田玉中的特殊种类，翠青料也是深受广大消费者喜爱的一个品种。

【烟青】

烟青玉的颜色很独特，包括浅紫色、灰紫色、黑紫色、酱色等，大多数是在灰色的色调中带有紫灰的色调，因此也有人称烟青玉为紫罗兰、藕荷玉、乌青玉等。由于烟青玉颜色特殊，在传统的和田玉品种中极为罕见，目前仅在青海矿区产出，因此可作为青海和田玉的一个标志品种。烟青玉的料质一般比较细腻，略水，呈半透明状，往往与青海白玉伴生在一起。

对颜色的偏爱，是一种时尚，每个时代都有不同的宠儿。对和田玉的玉色，自春秋战国以来都以白色为贵，而羊脂玉更是为达官贵人、君子文人们所追捧。当今时代，更加追求每个人的独特个性，随着我们对和田玉的认识不断加深，各种颜色的和田玉都受到了大家喜爱。白玉的纯洁高贵、青玉的油润古朴、墨玉的大气厚重、碧玉的生机盎然、糖玉的活泼丰富、黄玉的雍容华贵、青花的如梦似幻、翠青的清新鲜亮、烟青的淡雅清爽；不同颜色的和田玉给我们带来如此丰富的心灵体验，让人情不自禁地赞叹大自然的伟大，不禁深深爱上这大自然的精灵——和田玉。

青海烟青玉双耳象环鼻烟壶 顾纪强

春风轻拂，枝芽舒展，小荷初露，享受漫野的绿色，经营人生。

娇艳明亮，帝王之色
——翡翠

文 / 图：李擘

春天是万物生长的季节，初露的嫩芽，大多已变成了翠绿的新叶，显示着强大的生命力，绿色葱葱，一派生机勃勃的景象。绿色是大自然中最常见的颜色，有和平、友善、青春、繁荣等美好寓意。绿色的翡翠恰与春天相辉映，象征名贵与高雅、幸福与兴旺。

中国人的爱玉历史可以上溯数千年，漫长的历史构筑出中华民族璀璨夺目的玉文化殿堂。翡翠传入我国的时间虽然仅有几百年，但其丰富的色彩，千变万化的种质，优良的硬度和韧性，深受世界各地华人的喜爱，被世人誉为“玉石之王”。

翡翠是以硬玉或硬玉及钠铬辉石、绿辉石组成的矿物集合体。翡翠的折射率为 1.66（点测），相对密度为 3.25~3.40，摩氏硬度为 6.5~7。翡翠常见的结构有纤维交织结构、粒状纤维结构，半透明至不透明，呈油脂光泽至玻璃光泽。

帝王绿

黄杨绿

苹果绿

豆绿

翡翠的色根

翡翠的颜色非常丰富，几乎涵盖了整个色谱的颜色。优质的翡翠似冰雪般纯洁无瑕，又似繁花般绚丽多彩，其中绿色系列的翡翠品种最为繁多，包括帝王绿、苹果绿、黄杨绿、豆绿、菠菜绿等多个品种。

翡翠的颜色经常可以呈点状或者是条带状分布，由比较深一些的颜色到相对较浅的颜色渐变过渡，深一些的颜色就称为色根。

评价翡翠的绿色通常可以用“正”“浓”“阳”“匀”四个字来概括，色根的存在虽然可以作为判断翡翠颜色真伪的标志，但也导致颜色分布不均匀从而降低翡翠的价值。

翡翠是一个复杂多变的玉石品种，除颜色绚丽多彩外，其种质更是千变万化，人们对翡翠种质的命名形象生动地反映了翡翠的颗粒大小、致密程度及透明度的特点，如“玻璃种”“冰种”“糯种”等，其中“玻璃种”翡翠最为名贵，若翡翠集浓艳的绿色、细腻的质地和较高的透明度于一身，则堪称极品。

“正”“浓”“阳”“匀”的翡翠

绿色玻璃种翡翠

绿色冰种翡翠

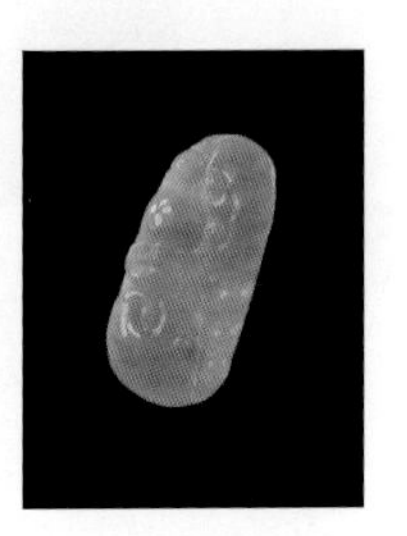

绿色糯种翡翠

市场上翡翠饰品形制各异，包括戒面、手串、手镯、项链、挂件、摆件、山子等多种类型。消费者在购买翡翠饰品时，除注重翡翠的颜色和种质之外，还需要关注翡翠的加工工艺，应考虑其造型设计是否美观协调，雕刻与抛光是否细致完善，镶嵌工艺是否精致等。

值得注意的是，许多翡翠饰品中，将翡翠作为主石，并通过宝石、贵金属进行拼镶的款式，将传统与现代、古典与时尚相结合，凸显出翡翠的艳丽奢华、娇贵妩媚。

自从翡翠在中国兴盛以来，无论是帝王，还是平民百姓，都对翡翠钟爱有加。人们对翡翠的迷恋源于它璀璨丰富的色彩之美、精美绝伦的工艺之美以及传承的玉文化之美。翡翠兼具玉石之温润和宝石之绚丽多彩，晶莹剔透又温柔内敛，蕴涵着神秘东方文化的灵秀之气，其雍容华贵、深沉稳重的气质正与中国传统玉文化的精神内涵相契合。佩戴翡翠，既是对自然之美的享受，也是对高尚品格和美好愿望的追求。

翡翠首饰

知人要知心，赏珠宝也要知真假，雾里看花，还是洞悉纤毫？拥有一双慧眼吧，看尽万里繁花。

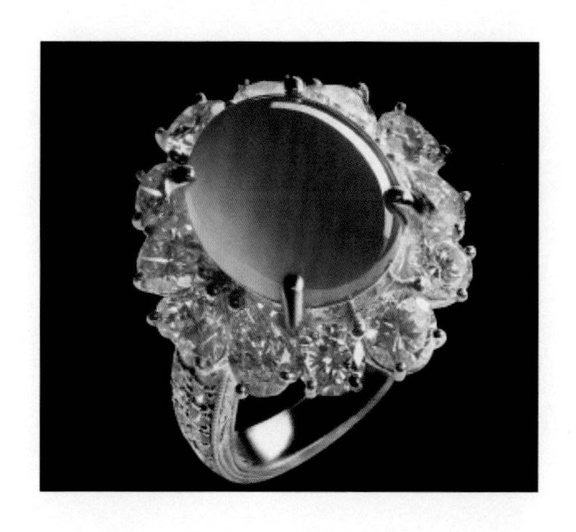

鲜为人知的秘密
——翡翠的优化处理与鉴别

文 / 图：宋丹妮

翡翠，被誉为“玉中之王”，深受东方民族尤其是中华民族的喜爱。翡翠丰富多彩的颜色和细腻润通的特性极其符合东方人的审美，因此中国人对翡翠情有独钟。无论是灵秀精美的翡翠首饰，还是大气磅礴的翡翠玉雕山子，无不融入了炎黄子孙的情感，华夏文化的精髓。即使时光变迁，岁月流逝，翡翠的美也无法改变。俗话说金银有价玉无价，翡翠是国人手中的宝，更是心中的魂。

翡翠手镯

由于翡翠具有美丽、耐久、稀少的特点，因此优质的天然翡翠价格非常昂贵。为了牟取暴利，市场上以假乱真、损害消费者利益的现象屡见不鲜，例如一些不法商贩通过各种处理手段将劣质翡翠外观得到改善，使其变得艳丽夺目，以之充当优质天然翡翠进行销售。要想知道翡翠优化处理的方法到底有多少种以及如何进行鉴别？就让笔者来为您揭开其中的奥秘吧！

手镯煮蜡（将手镯放入熔融状态的石蜡中）

【优化处理的定义】

根据国家标准 GB/T 16552—2010，《珠宝玉石名称》规定：优化处理（Enhancement）是指除切磨抛光外用于改善珠宝玉石的外观（颜色、净度、特殊光学效应）、耐久性和可用性的所有方法。优化处理可进一步划分为优化 (Enhancing) 和处理 (Treating) 两类。优化是指传统的、被人们所广泛接受的、使珠宝玉石潜在美显示出来的各种改善方法；处理是指非传统的、尚不被人们所接受的优化处理方法。一般来说，优化不会使宝石的结构、物理化学性质发生显著改变，而处理则不然，可能损伤宝石的结构，甚至使宝石发生不可逆转的破坏性变化。

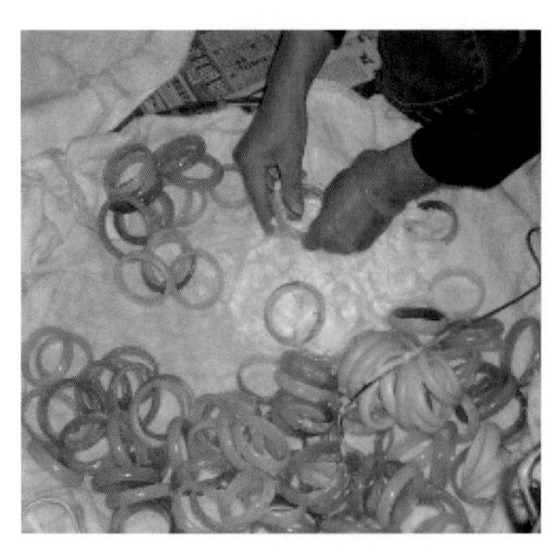
手镯蒸蜡（将石蜡粉撒在蒸热的手镯上）

【翡翠的优化】

翡翠的优化方法包括上蜡（表面浸蜡）处理和加热处理。

上蜡（表面浸蜡）处理

（1）目的　用蜡覆盖抛光后的玉件表面的微细凹坑或裂隙，使表面更光滑，还可防止污渍的进入。上蜡俗称“过蜡”，可分为煮蜡与蒸蜡两种方式。

（2）鉴定特征　轻微的浸蜡处理不影响翡翠的光泽和结构，有利于保持翡翠表面的光泽，在热源靠近的情况下会有蜡熔化溢出。浸蜡部位在紫外荧光灯下可能发出蓝白色荧光。

加热处理

（1）目的 天然的红色系翡翠一般含铁，适当的热处理可促进氧化作用的发生，使翡翠的黄色、棕色、褐色转变成鲜艳的红色，得到更艳丽的外观。经加热处理的翡翠俗称“烧红”翡翠。

（2）鉴定特征 “烧红”翡翠与天然红色翡翠成因基本相同，不同之处在于高温加速了烧红翡翠中的褐铁矿转变为赤铁矿的过程。从外观而言，天然红色翡翠稍微透明一些，而热处理的红色翡翠则有发干的感觉。经过热处理的翡翠宝石学性质与天然翡翠基本相同，常规方法不易鉴别。

“烧红”翡翠（上）与天然翡翠（下）

【翡翠的处理】

翡翠的处理方法包括酸洗漂白充填处理 、染色处理、覆膜处理。

酸洗漂白充填处理

（1）目的 去掉劣质翡翠中的脏色（黄、黑、灰等色），增加透明度，改善种质，掩盖裂隙，提高利用率、提高卖相。经此处理的翡翠俗称“B 货”。

（2）方法 先进行酸洗清除翡翠中的不良杂色，再用胶或树脂进行充填。

（3）鉴定特征 常规鉴定可通过观察翡翠表面光泽、颜色、结构，再结合密度、折射率、荧光性、放大检查、热反应和敲击反应来判断，例如，B 货翡翠表面存在粗糙的麻点或凹坑，结构松散，颜色不自然，在紫外荧光灯下观察呈现较强的蓝白或黄

从左到右分别为：原料，酸洗后，充填后

绿荧光，折射率和密度均有偏低现象，若为手镯饰品敲击时声音发闷等。还可以通过大型仪器如红外光谱仪、激光拉曼光谱仪和阴极发光仪等仪器来进行检测。

染色处理

（1）目的　将无色或浅色翡翠的颜色变成绿色、红色或紫色，从易到难有多种染色方法。经此处理的翡翠俗称“C 货”。

（2）鉴定特征　可通过放大检查观察到染色翡翠的颜色呈丝网状分布，这是由于染剂沿颗粒间隙或裂隙进入翡翠结构所致。还可通过宝石分光镜、查尔斯滤色镜、紫外荧光灯、红外光谱仪和阴极发光仪等设备进行检测。目前市面上常见的染色翡翠通常也伴随充填处理现象，俗称“B+C 货”翡翠。

覆膜处理

（1）目的　通过覆有色膜的方法改善翡翠的颜色，俗称“穿衣”翡翠。

（2）鉴定特征　覆膜翡翠的颜色均匀，折射率偏低，点测法在 1.56 左右（薄膜的折射率），放大观察可见表面光泽弱（多为树脂光泽），无颗粒感，局部可见气泡，可见薄膜脱落（多出现在边缘部位），针触之感觉较软，手感较涩。

翡翠染色过程

通过以上的介绍，相信您对翡翠的优化处理已经有所了解。对于翡翠收藏爱好者而言，认知翡翠的优化处理及其鉴别方法是必备的知识。面对千差万别的翡翠制品，

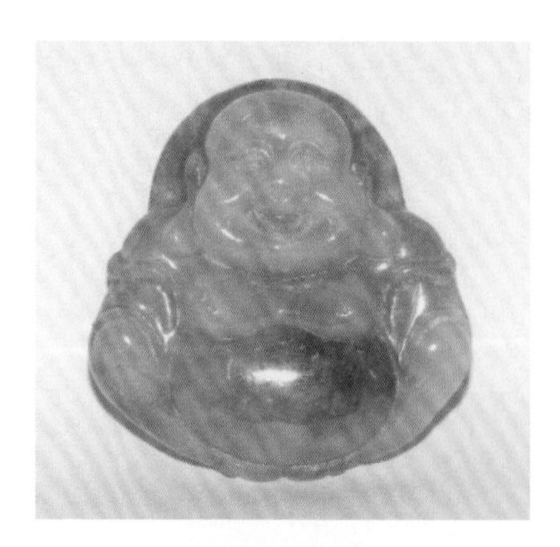

染色翡翠吊坠

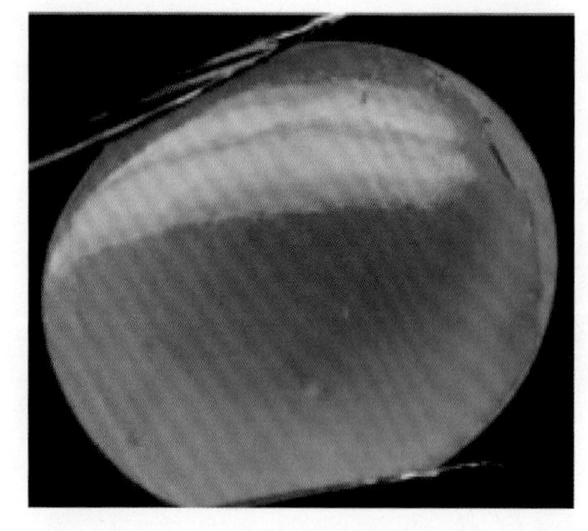

覆膜翡翠的绿色膜层

广大消费者在购买翡翠时一定要谨慎，可以采用以上方法进行简单的肉眼鉴别。由于珠宝鉴定经验需要一个积累的过程，尤其是翡翠，因此如果您在没有把握的情况下，最好由专业人士陪同选购，或要求商家出具正规质检部门的鉴定证书。

“翡翠诚可贵，慧眼识真宝”，市场上的翡翠饰品琳琅满目，用您所学的珠宝知识选购到心仪的翡翠，不仅能为您的生活增添一抹靓色，还可收获一份美好的心情。

“B+C 货”翡翠

我偏爱璞玉的醇质与美感，也喜爱雕琢的魅力与光彩，精巧的切工与独特的造型会带来流光溢彩的美感。

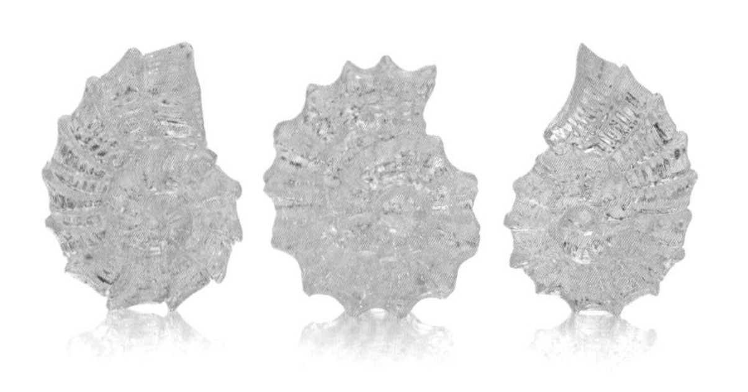

流光溢彩
——看大咖们如何玩转宝石

文 / 图：许彦

很早以前，宝石切割的款式已经不下几十种了，但是，宝石切割师们总是耐不住寂寞，又玩出了许多千奇百怪的新花样。

光芒四射的钻石

【先来个铺垫】

标准圆明亮琢型（Round Brilliant Cut）

现在最常见的圆形钻石的琢型，有57个或58个刻面。

冠部

刻面宝石腰部以上的部分，包括台面、星刻面、冠部主刻面和上腰小面。

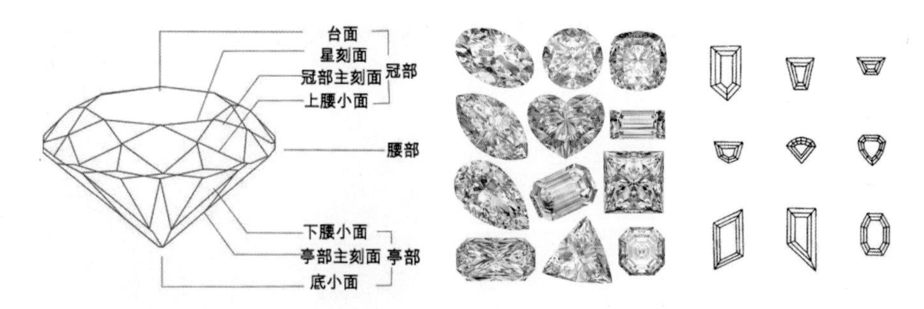

钻石冠部、亭部各个刻面示意图　　异形切割钻石　　奇想琢型示意图

亭部

刻面宝石腰部以下的部分，包括下腰小面、亭部主刻面和底小面，通常无底小面。

异形切割（Fancy Cut）

除标准圆明亮琢型之外的切割琢型都可以称为异形切割。

奇想琢型（fantasy cut）

这是一个比异形更异形的琢型，形状多变，由一系列相互交替的弯曲面和平坦刻面组成。

FireScope

FireScope也叫"观测镜"，是一种专门用于观察切工对称性的放大镜，可用来观察"八心八箭"、"十心十箭"等现象。

FireScope（观测镜）

在五花八门的切工款式中，有很多是给身为"宝石之王"的钻石量身定制的，就是为了最大限度地展现它无可比拟的亮度和火彩，同时尽可能地控制切磨过程中的损耗。

【来看看钻石商的玩法】

一个珠宝品牌仅仅依靠诚信，地位并不会很稳固，最好的办法则是告诉消费者，我们的技术杠杠的，人无我有。所以新式切工是很多经营钻石的企业做品牌推广的切入点。

“蓝色火焰”钻石戒指

通灵珠宝与全球最大的国际钻石加工贸易公司（Eruostar Diamond TradersN.V，简称EDT）合作发明的“蓝色火焰”（Blue Flame）钻石切工，共89个切面，通过精准的切面和角度控制，使进入钻石内部的蓝光最大限度地反射出来，使整个钻石显现高贵的蓝色。

“梅花琢型”钻石冠部和亭部的外观

谢瑞麟 Estrella 钻石戒指

谢瑞麟推出了 Estrella 钻石，这种钻石切工的特点在于“非对称型瓣面”的切磨形式（主刻面数为单数），在 FireScope 下可看到“九心一花”的效果。

深圳真诚美首饰有限公司设计的“梅花琢型”钻石，通过增加亭部刻面，更好地显现钻石的亮度和火彩，在 FireScope 下可看到梅花的图案。

“十心十箭”钻石的外观

2015 年 12 月【ALLOVE】钻石品牌首次在全球推出拥有81个切面的“十心十箭”的钻石，在台面观察钻石内部呈现完美对称的十支“箭”，在底部观察钻石内部呈现完美对称的十颗“心”。

除此之外，还有很多由圆明亮琢型演变而来的切工，这里不一一列举。

【再来看看其他脑洞大开的作品】

千禧切工作品

千禧切工紫黄晶裸石

有一种流行的琢型叫“千禧切工”，为了纪念2000年的千禧年设计制作，因而得名，特点在于其亭部刻面（包括部分冠部刻面）是一系列呈放射状分布的凹面，使通过宝石反射出来的光如夜空中无数的星辰般光辉灿烂。千禧切工比较适合透明度高、净度高、颜色鲜艳的宝石材料，如各色托帕石、水晶、萤石等宝石，需要用专门的凹面机设备打磨。

千禧切工黄水晶戒指

千禧切工亭部的凹面

烟花切工紫水晶裸石

烟花切工作品

烟花切工的宝石外观闪耀、灿烂，如绽放的烟花，形成这种效果的关键在于亭部放射状的刻槽。

光谱奖作品

美国宝石行业协会（AGTA）在1984年设立了“光谱奖”（AGTA Spectrum Awards TM），用以表彰那些出色运用彩色宝石的珠宝首饰设计，在1991年独立出来一个名为Cutting Edge Awards的奖项，专门表彰出色的彩色宝石切工。接下来看看光谱奖的大咖们都是怎样折腾宝石的。

“鱼骨琢型”碧玺

白水晶（金红石包裹体）

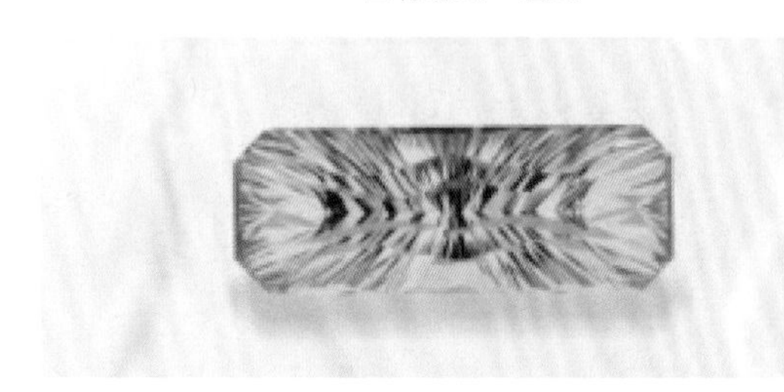

“千禧切工”凹面切割碧玺

对于这个，我只想说：请收下我的膝盖！没错，你没有看错，金红石针就在宝石的正中央，垂直画面，只有1根！

西方的宝石切割方式中也有雕刻这么一项，但是与东方雕刻艺术的理念截然不同，更偏向于抽象的表达。不管刻面、弧面还是雕刻，宝石切割师都在用雕刻刀在宝石上表达自己的艺术观念。

羽毛造型玛瑙雕件

“天空之城”日光石雕件

“乔治娅之梦”宝石级硅孔雀石雕件

陈世英作品

作为东方宝石雕刻大师，陈世英将宝石雕刻玩到了极致，融会浮雕、立体内雕、阴刻、玉石雕刻及宝石切割技巧，结合材料的物理特性，配合精准的角度计算和切割，独创五面倒影雕刻法，用自己名字命名为Wallace Cut(“世英切割”)，《荷莱女神》正是采用的这种加工方法，作品正面显示出五个女神的幻象。选择荷莱女神是有深意的，因为希腊神话中掌管四季时序的荷莱女神可不止一位，与这种光影的现象刚好契合。设计师的设计太奇妙了!

海蓝宝石雕件《荷莱女神》 陈世英

【宝石切割师又调皮了】

金绿柱石

“创世纪之眼”火欧泊

海蓝宝石雕件

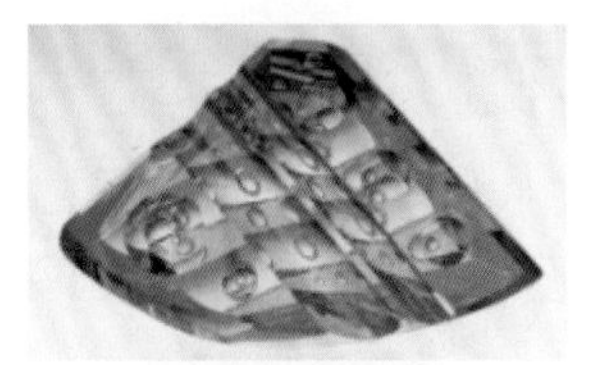

紫黄晶雕件

从古至今，美丽的珠宝永远让人们争相追捧，爱不释手。珠宝经过数百年天然环境的洗礼，凝结成一枚枚蕴涵天地之精华的人间至宝。当美丽的宝石与独特的切工精巧地结合在一起时，大师们独具匠心的智慧将宝石琢磨得完美无瑕，它的美艳流光溢彩，如惊艳的诗歌一般动人心魂。

坦桑石

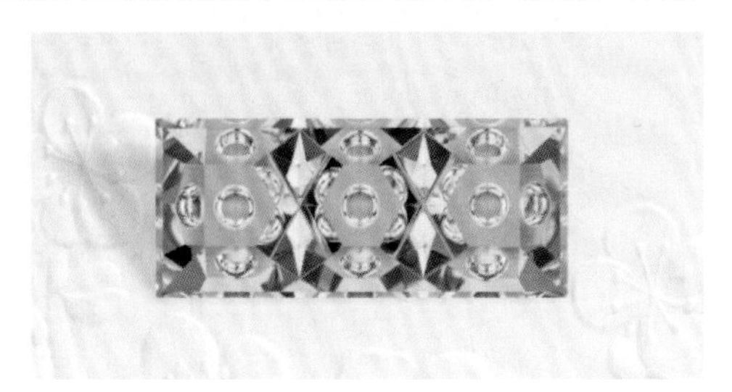

摩根石

我会期待我们美好的婚姻生活，我会期待你为我戴上钻戒，我会期待与你在围炉旁夜话，我会期待与你一起奔赴甜蜜的旅行……

无名指间的璀璨，为诺言加冕皇冠
——钻戒的选购技巧（一）

文 / 图：陈晨

“钻石恒久远，一颗永流传”，当您和他（她）步入神圣的殿堂，许下爱的誓言，交换那一枚承载了两人所有美好期许的爱情信物时，您一定沉浸在了幸福的海洋中。

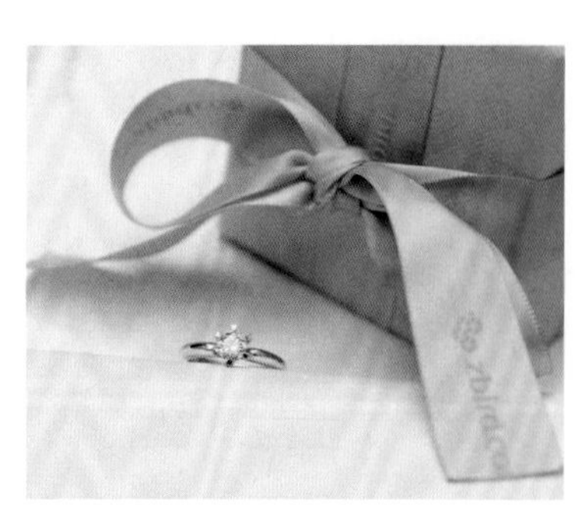

钻戒及包装

虽说爱情无价，但钻石有价。钻戒选购玄机很多，今天笔者就来告诉您一些钻戒的选购技巧，既能让您倍感轻松地去购买，又能保证送给他（她）的钻戒璀璨夺目，为您的爱情添姿加彩。

【玄机一：购买渠道】

钻石的选购有多种渠道，您可以到商场、钻石专营店、珠宝品牌店等实体店去购买，也可以选择网购，但请注意“网购淘钻戒，价廉有风险”。

虽然网购会省去高昂的员工工资、店铺运营等费用，与商场实体品牌店比较普遍会有很大的价格优势，但是网店的资质良莠不齐，要谨防网上图片与实物不符的现象，无论在实体店还是在网络上购买钻戒，都要请商家出示国内外权威机构出具的鉴定证书。

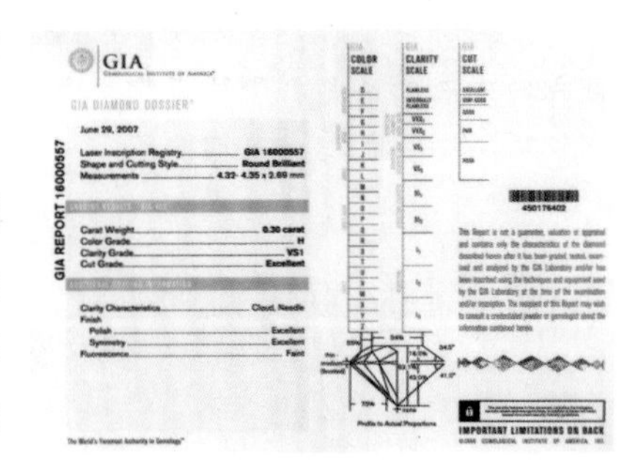
GIA
GIA DIAMOND DOSSIER
GIA REPORT 16000557
June 29, 2007
Laser Inscription Registry .... GIA 16000557
Shape and Cutting Style .... Round Brilliant
Measurements .... 4.32-4.35 x 2.69 mm
Carat Weight .... 0.30 carat
Color Grade .... H
Clarity Grade VS1
Cut Grade .... Excellent
Clarity Characteristics .... Cloud, Needle
Polish .... Excellent
Symmetry .... Excellent
Fluorescence .... Faint
COLOR SCALE
CLARITY SCALE
CUT SCALE
450176402
IMPORTANT LIMITATIONS ON BACK

GIA 钻石证书

【玄机二：钻石形状】

钻石首饰市场中的钻石形状以圆钻型最为普遍，但事实上同样克拉重量的圆钻形钻石比其他形状的钻石价格要高很多，因此在购买钻戒的时候，不妨可以考虑一下其他形状的钻石，例如公主方琢型、椭圆琢型、祖母绿型、雷迪恩型等。您可以根据个人的喜好来选择不同琢型的钻石。

各种形状的钻石

【玄机三：戒托材质】

市场上钻戒的戒托主流的材质有金和铂，金主要是18K金，是指含金量为75%的黄金，其余25%为钯、镍、银、锌等其他金属，由于加入的金属不同，整体可有白色、黄色和玫瑰色等。铂主要是Pt950和Pt900两种，铂稀有珍贵，其价格甚至比同等质量的黄金还要高，Pt950是指纯度为95%的铂，Pt900是指纯度为90%的铂。这两种铂和18K金都具有硬度高，耐磨性强的特点，但是相对而言，18K金的可塑性更强，可制作出更为精细的首饰造型，作为钻戒的戒托是较好的选择。

单钻戒指

【玄机四：镶嵌类型】

钻石戒指可分为单钻钻戒和群镶钻戒，其中群镶钻戒是运用多颗钻石排列出各种时尚造型镶嵌而成的。小编推荐您在购买钻戒时不妨考虑群镶工艺的钻戒，它看上去比相同重量的单钻更大更夺目，而且价格相对较低。

【玄机五：专属定制】

您也可以依据自己的需求喜好，分别购买裸钻和戒托，再经过镶嵌加工为成品钻戒。由于商家在销售成品钻戒时，存在品牌附加值等一系列费用，如采用单买裸钻、戒托镶嵌为成品钻戒的方式则可节省一定费用，同时裸钻及戒托款式的选择空间非常大。另外，您还可以购买裸钻，依据自己的想法请设计师设计，制作出自己或爱人专属的钻石戒指，更是心意满满哦。

群镶钻戒

除此之外，选购钻石还有许多需要注意的细节，比如购买时机以及大家都非常关注的4C标准的取舍问题，之后会为大家一一解读。

圆钻裸石

戒托

我们将永恒的夙愿付与婚姻，希望它如钻石般坚固久远。

无名指间的璀璨，为诺言加冕皇冠
——钻戒的选购技巧（二）

文 / 图：陈晨

各种款式的钻戒

前文中，笔者从购买渠道、钻石形状、戒托材质等几个方面为大家分析了如何挑选性价比高的钻戒。今天笔者继续与大家分享更多的选购技巧，逐一揭开钻戒那些不为人知的秘密。

【购买时机影响钻戒的价格】

通常，外界购买力增强会刺激钻石价格上升，同时钻石价格又受到国际钻石出口量的影响，钻戒价格连续几年水涨船高之后也可能出现增长减缓的时候，消费者在此时入手心仪的钻戒为佳。总体来讲，钻石的价格仍有缓慢上升的趋势。

【4C 标准有取舍，高性价比易实现】

众所周知，市场上流行的多为无色至浅黄色系列的钻石，对此类钻石的评价采用大家所熟知4C标准，即克拉重量（carat）、颜色（color）、净度（clarity）、切工（cut）。

钻石销售常有打折活动及礼品赠送等优惠

克拉重量

钻石的克拉重量是8舍9入的，会精确到小数点后两位，即0.998克拉计0.99克拉，0.999克拉计1.00克拉。市场上钻石价格存在“克拉溢价”的现象，所谓“克拉溢价”，是指在颜色、净度、切工等条件近似的情况下，随着钻石重量的增大，尤其是跨越了1克拉、2克拉、5克拉等几条界限，其价值会呈几何级数增长，即使只有1分之差，价格也相差甚远。因此，若想在有限的预算之内买到性价比较高的钻石，建议在“克拉溢价”的门槛之外进行挑选，不一定要追求满克拉的钻石，稍小一点的也许外观上相差无几，但能省下一笔不小的开支。

平均直径/mm	建议克拉重量/ct	平均直径/mm	建议克拉重量/ct
2.9	0.09	6.2	0.86
3.0	0.10	6.3	0.90
3.1	0.11	6.4	0.94
3.2	0.12	6.5	1.00
3.3	0.13	6.6	1.03
3.4	0.14	6.7	1.08
3.5	0.15	6.8	1.13
3.6	0.17	6.9	1.18
3.7	0.18	7.0	1.23
3.8	0.20	7.1	1.33
3.9	0.21	7.2	1.39
4.0	0.23	7.3	1.45
4.1	0.25	7.4	1.51
4.2	0.27	7.5	1.57
4.3	0.29	7.6	1.63
4.4	0.31	7.7	1.70
4.5	0.33	7.8	1.77
4.6	0.35	7.9	1.83
4.7	0.37	8.0	1.91
4.8	0.40	8.1	1.98
4.9	0.42	8.2	2.05
5.0	0.45	8.3	2.13

钻石（克拉）重量与直径的对照表

颜色

颜色分级主要是对无色—浅黄系列钻石进行分级，国标GB/T16554—2010中规定：按钻石颜色变化划分为12个连续的颜色级别，由高到低用英文字母D、E、F、G、H、I、J、K、L、M、N、< N代表不同的色级。对于相邻色级的钻石，非专业人士很难对其颜色的差别加以分辨，但价格却相差甚远。通常H色及其以上级别的钻石颜色较白，I级别的钻石从冠部观察近无色，从亭部观察呈微黄（褐、灰）色，K以

下级别的钻石则黄（褐、灰）色调明显，肉眼容易察觉，因此可以根据预算选择不同色级的钻石。

由于 K 色级别以下的钻石颜色会逐渐偏黄，如考虑购买，则建议选择黄金、玫瑰金或黄色 K 金材质的戒托，可掩盖钻石的部分黄色调。

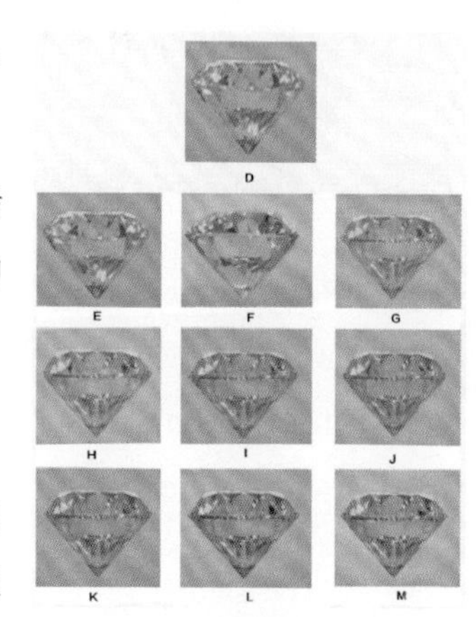

不同颜色级别的钻石

净度

钻石的净度分级是指在 10 倍放大镜下，对钻石的内部和外部特征进行等级划分，净度的细微差别肉眼并不太容易察觉，因此建议消费者不必追求过高净度级别的钻石，一般净度级别 SI 以上的都可以考虑，但须注意所选钻石的瑕疵尽可能小且位置不明显，这样即使钻石的净度级别不高，经过镶嵌之后也不会对佩戴效果产生显著的负面影响。

微黄色钻石配黄色戒托效果

切工

钻石的切工包括“Cut Grade(比率级别）”、“Polish（抛光）”和“Symmetry（对称性）”三项。以 GIA（美国宝石学院）评价标准为例，这三个方面各分为五个等级，分别是 Excellent（完美 / 理想）、Very Good（非常好 / 很好）、Good（好）、Fair（一般）、Poor（差），大家经常听到的完美切工 3EX 就是指三项评级均为 Excellent。

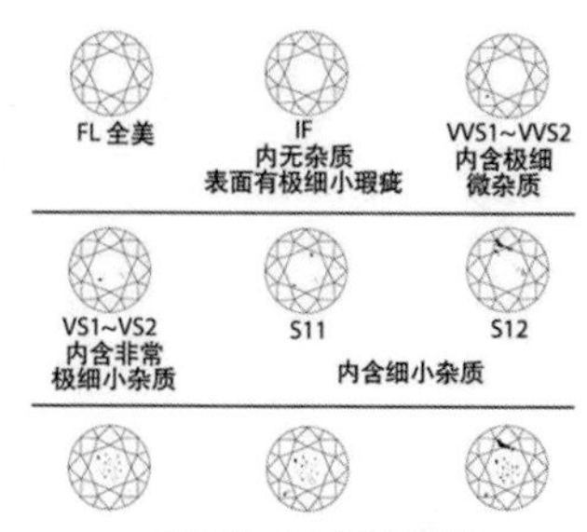

GIA 体系钻石净度分级

如果钻石的切工等级足够高，即使是净度等级稍低的钻石，也同样能展现出非常完美的火彩，使其外观璀璨夺目。在选购钻石的过程中，尽可能考虑 Very Good 及以上切工级别。

总而言之，在购买钻石时要综合考虑钻石品质的四个要素，充分协调钻石 4C 标准之间的相互匹配程度，既要有所侧重，也不能顾此失彼。

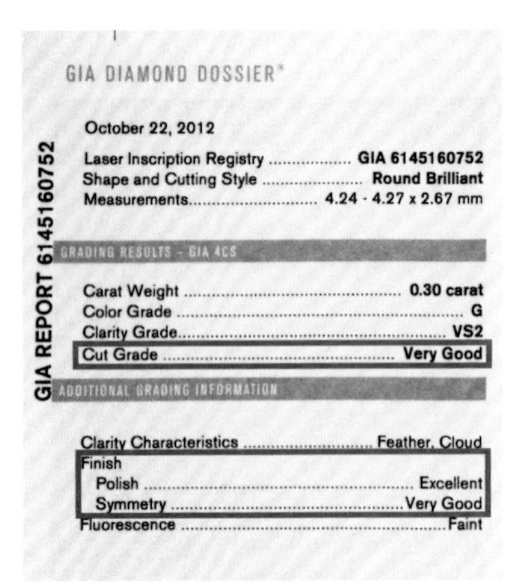

GIA DIAMOND DOSSIER®

GIA REPORT 6145160752

October 22, 2012

Laser Inscription Registry .... GIA 6145160752
Shape and Cutting Style .... Round Brilliant
Measurements.................. 4.24 - 4.27 x 2.67 mm

GRADING RESULTS - GIA 4CS

Carat Weight .... 0.30 carat
Color Grade .... G
Clarity Grade.................. VS2
Cut Grade .... Very Good

ADDITIONAL GRADING INFORMATION

Clarity Characteristics .... Feather, Cloud
Finish
Polish .... Excellent
Symmetry .... Very Good
Fluorescence .... Faint

GIA 钻石证书中切工的评级

【荧光对钻石的影响】

荧光指的是钻石在紫外光的激发下发光的现象，在 GIA 的分级标准中荧光强度级别可分为：NONE（无）、FAINT（轻微）、MEDIUM（中等）、STRONG（强）、VERY STRONG（极强）五个等级。

一般来说，荧光会影响钻石的视觉效果，例如，强荧光的钻石，在自然光下肉眼观察会有一种油油的没有擦干净的感觉，显得不是那么晶莹剔透。值得注意的是，蓝色荧光对颜色黄的钻石会有一定的颜色补偿，对于 I 色以下的钻石，弱蓝荧光可以使钻石肉眼看起来更白，但实际色级并不够高，因此对于钻石而言，荧光属于不利因素，价格也会受到一定的影响。

钻石的荧光分级

钻石身为“宝石之王”，灿烂夺目的光芒牢牢吸引着世人的目光，而一句“钻石恒久远，一颗永流传”的广告也深深印在我们的脑海里，钻石从此成为浪漫爱情的代言人，但愿喜爱钻石的您能在市场上琳琅满目的钻石戒指中挑选到属于您的那一款，成就一段幸福的佳话。

大漠孤雁的苍凉，再加上清新优雅的花纹描绘，珊瑚玉给予我们的感动不止于此，期待吧，期待魅力生命的延续。

灼灼不死花，蒙蒙长生丝
——珊瑚玉

文 / 图：陈孝华

【什么是珊瑚玉】

珊瑚玉，顾名思义是由珊瑚石玉化而成的玉石。珊瑚玉最早开采自中国宝岛台湾，颜色主要为黑色、红色、白色和黄色等，因花纹形似菊花，珊瑚玉又称“菊花玉”。

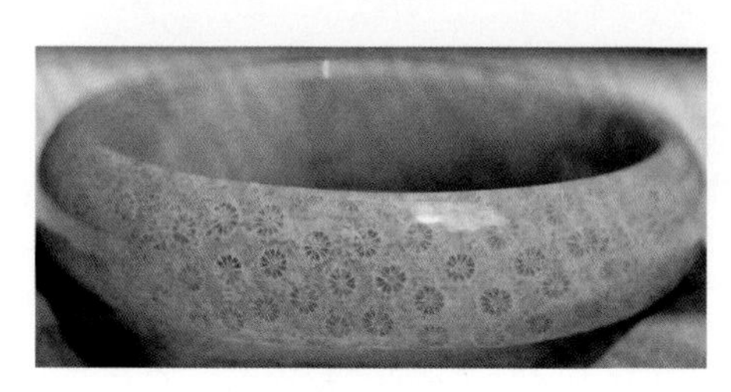

珊瑚玉手镯

虽为宝石界刚流行起来的“小鲜肉”，但珊瑚玉的年龄其实一点都不小。珊瑚玉的形成过程，始于 2.5 亿 ~3 亿年前，在海底火山和地壳运动的作用下，部分珊瑚钙化，钙化后的珊瑚再次经过亿万年的变化，与火山灰接触，出现玉化现象便形成了现在的珊瑚玉。

珊瑚玉因古代珊瑚大小、种类的不同而产生不同的天然花纹图案，又因为玉化矿物的成分不同产生不同的颜色。珊瑚玉光泽鲜丽、温润可人，其图案疏密分布错落有致、颜色颇多，每一块都有着不可复制的独特之美。

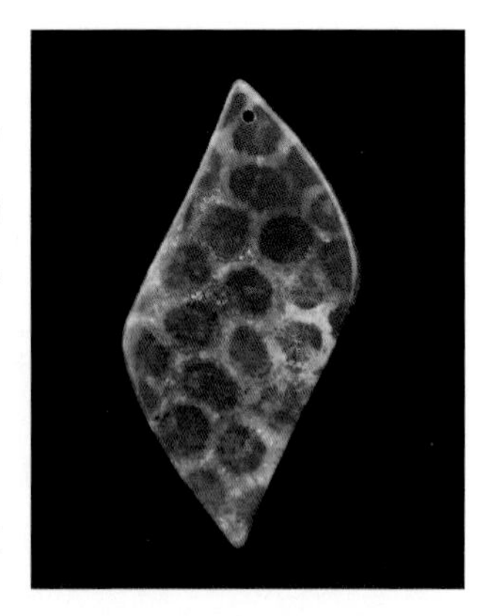

红色珊瑚玉

【珊瑚玉的种类】

目前市场上常见的珊瑚玉类型主要分为硅质和钙质两种。

硅质珊瑚玉

硅质珊瑚玉又名玛瑙化珊瑚，是珊瑚石经历过火山活动带来的二氧化硅溶液的侵蚀，在一定温度和压力下发生了矿物的替代和置换，将原有的碳酸钙置换成了二氧化硅而形成的。市场上的珊瑚玉，大部分是这种类型。

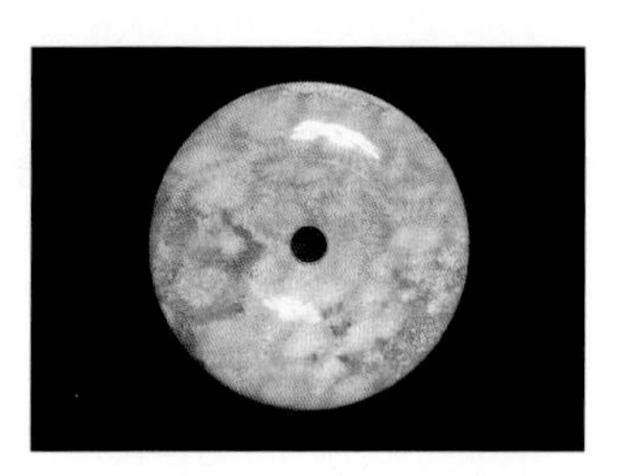

珊瑚玉平安扣

钙质珊瑚玉

钙质珊瑚玉是珊瑚石经历了亿万年的地质作用后，在一定的温度和压力环境下发生了方解石矿化而形成的，其原有成分没有改变。

硅质珊瑚玉

钙质珊瑚玉

【珊瑚玉的质量评价】

珊瑚玉形态万千，我们可从它的玉化程度、花纹、色彩、整体质地、瑕疵度几个方面进行评价。

玉化程度

玉化程度与珊瑚玉的透光度成正比。

（1）玉化：打灯全透光，但是直观看不出通透感，质地莹润。

（2）半玉化：局部透光，光泽稍弱。

（3）石化：打强光微透或不透光，但有玉石温润质感。

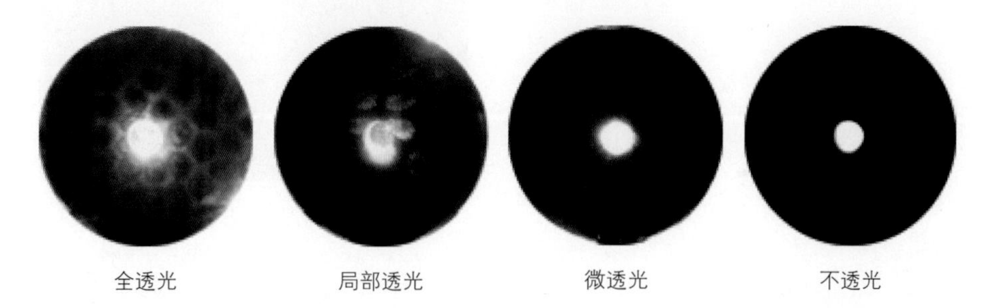

全透光　　局部透光　　微透光　　不透光

花纹

由于古代珊瑚种类繁多，形态各异，作为古代珊瑚化石的珊瑚玉的花纹样式也多姿多彩，其中，有些花形纹理清晰、排列紧密，仿佛一片花的海洋，惟妙惟肖。花纹的清晰度、完整度、美观程度都影响着珊瑚玉的品质。

花纹似飘动的菊花

色彩

珊瑚玉因玉化矿物及致色元素不同，颜色变化十分丰富，有白、红、黄、绿、蓝、紫、黑等色，红如血、粉如桃、白如羊脂……其中尤以红珊瑚玉最为珍贵，红色越鲜艳越好。

整体质地

珊瑚玉的变化非常丰富，我们经常能在一块珊瑚玉上看到两种不同质地的变化，质地的差异在一定程度上影响着珊瑚玉的美观。通常珊瑚玉的质地越均匀越好，整体质地均匀细腻且玉化程度高者为佳。

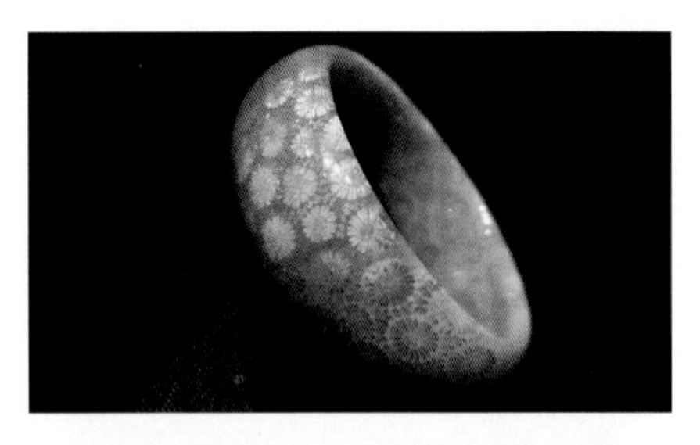

花纹清晰完整、质地略逊的珊瑚玉手镯

瑕疵度

瑕疵的种类、大小、位置都会对珊瑚玉的质量产生影响。小而靠近边部隐蔽的瑕疵对价值的影响相对较小，而大片、明显的瑕疵则会大大降低其价值。

高品质的珊瑚玉

珊瑚玉是花纹变化最丰富的宝石之一，好的珊瑚玉质地通透，毫不逊于玉髓的莹润透明。只有珊瑚玉这样经历了亿万年的地质变迁，千锤百炼的宝石才能具有这种或清新优雅，或磅礴大气，或特立独行的气质。这些见证了沧海桑田变化的珊瑚玉不仅是古代珊瑚的珍贵化石，更是生命及美丽的延续。挑选一件满意的珊瑚玉首饰，用心体会大自然生命的美丽吧!

充满浓浓波普风的珊瑚玉

道真假，数优劣，我有一双明亮的眼睛，去和珠宝的绯闻碰个面。

宝石也要闹绯闻
——市场上那些不规则用语

文 / 图：陈泽津

有绯闻的珠宝不是好珠宝吗？尽管国家标准已在珠宝玉石命名方面做了明确的规定，但是市场上有些宝石用语仍旧纷繁复杂，并会对消费者有一定的误导性。今天我们再次将情怀和粉饰以及喜恶偏好统统推倒，给那些商业上容易有误区的宝石用语一个机会，让他们自己来澄清自己吧！

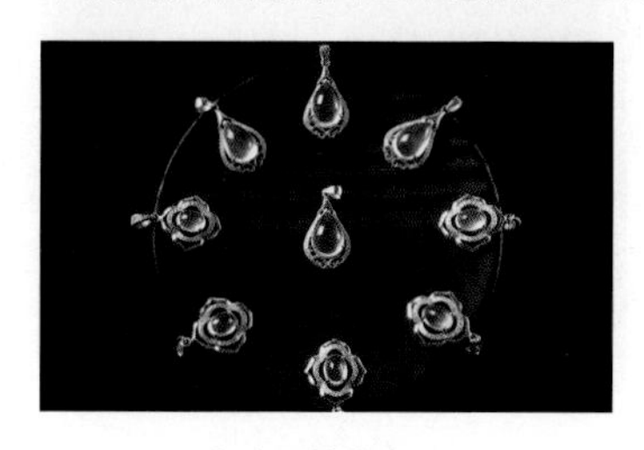
水沫子镶嵌吊坠

【绯闻一：水沫子“李逵与李鬼”】

说明：翡翠作为玉石中名贵的品种，它的仿冒品在市场中络绎不绝，只要是和翡翠色泽和质地相接近的，不法商家都会用来仿冒翡翠，而水沫子就是其中之一。

笔者：水沫子先生，您好！很多读者都很好奇，您为什么叫水沫子，能给我们分享一下您名字背后的故事吗?

水沫子四季豆挂件

水沫子：说来话长，我的原名叫钠长石玉，因在白色或者灰白色透明的底子上常分布有白色的“棉”、“白脑”，形似水中翻起的泡沫，因此被大家形象地称为“水沫子”。

笔者：您的种水很好，犹如玻璃般通透，所以第一眼看起来和玻璃种、冰种翡翠非常相似，但是价格却相差甚远。那么，您和玻璃种、冰种翡翠的区别在哪里呢?

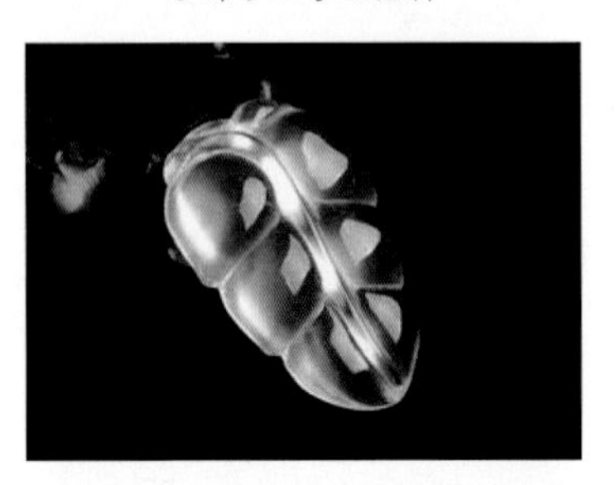

玻璃种翡翠吊坠

水沫子：虽然我和玻璃种、冰种翡翠在外观上十分相似，整体外观多呈透明状，也同样有绿、红、黄等颜色，但我们还是有很多差别的。对原石进行有损检测时，如果使用摩氏硬度为 6 的硬度笔刻划，能被划动的，则是我；划不动的话，则为翡翠。

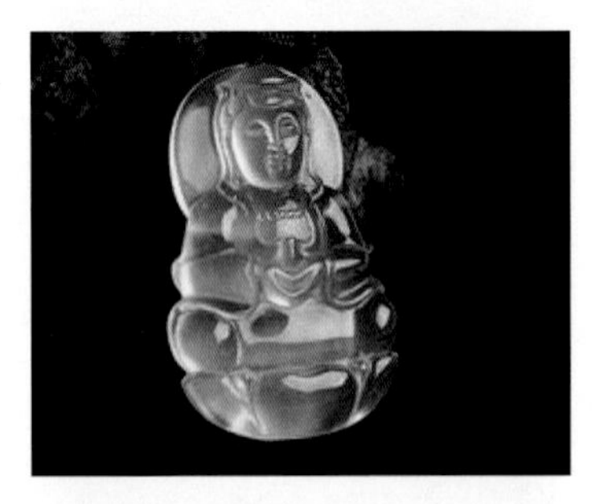

水沫子吊坠

从光泽上来讲，我的折射率 1.52~1.54（点测）比翡翠的（1.66）低，故光泽相对翡翠较弱一些。一般来说，玻璃种、冰种的翡翠都具有玻璃光泽，我则呈现弱玻璃光泽。

翡翠为变斑晶纤维交织结构，内部可见白棉；而我是纤维或粒状结构，在透明或半透明的底色中常含白色斑点或蓝绿色斑块，其中白色斑点为辉石类矿物，透明度较差；蓝绿色斑块为闪石类矿物以及绿泥石等。

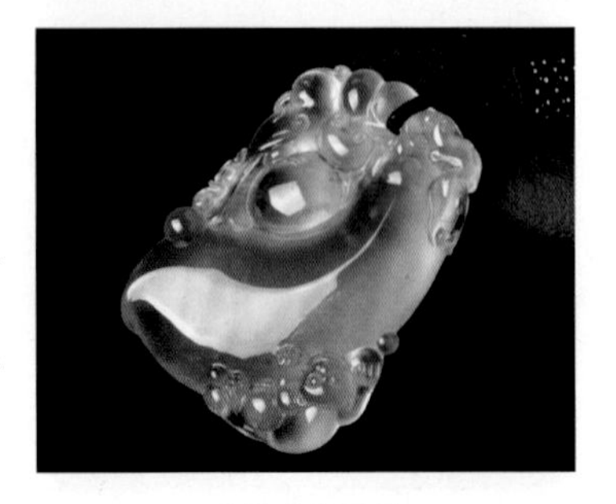

冰种翡翠吊坠

翡翠手镯互相敲击时通常声音清脆，而我被敲

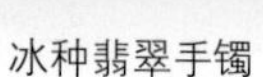
冰种翡翠手镯

水沫子手镯

水沫玉手镯

击时声音沉闷。此外，用手掂一掂，我可要比翡翠轻哟！

笔者：水沫子先生，最近听到很多消费者谈论市场上出现的名为“水沫玉”的玉石品种，那“水沫玉”就是“水沫子”吗？

水沫子：非也。的确，近年来市场上有一种被人们称为“水沫玉”的玉石品种，但它并不是我，它的专业名称为石英岩玉，虽然折射率、密度、光泽和结构都与我很相似，但它的硬度（摩氏硬度 6.5~7）却高于我（摩氏硬度 6），请大家不要混淆噢！

【绯闻二：台湾蓝宝混淆视听】

说明：台湾蓝宝在被发现之初，很少有人认识这种玉石，因为其美丽的颜色含有蓝色调，就将其命名为台湾蓝宝，并且沿用至今。但是一些不知情的消费者会被名称所误导，接下来我们就采访采访她，揭开她神秘的面纱。

台湾蓝宝戒面

笔者：台湾蓝宝女士，您好，很荣幸能采访到您，能麻烦您先向我们的读者们介绍一下自己吗？

台湾蓝宝：好的，大家好！我的宝石学名称为蓝玉髓，基本性质与玛瑙相似，属于隐晶质的石英质玉石，折射率为 1.54（点测）左右，相对密度约为 2.58，摩氏硬度为 6.5~7，通常呈现油脂光泽至玻璃光泽，呈不透明至半透明，主要来自于中国台湾东部海岸的山脉中，

台湾蓝宝吊坠

以台东的都兰山最著名，也有一部分来自美国、印度尼西亚等地，但以中国台湾出产的品质最佳。

笔者：那么，您不同地方的家族成员之间有什么差异呢？

台湾蓝宝：由于产地不同，我们在颜色上会有略微差异，来自印度尼西亚的较为暗沉，来自美国的颜色较浅，并且可能含有色带条纹。而我们中国台湾的浓淡均匀，且透明度较好。

笔者：很多刚入门的消费者会误以为您是蓝宝石，对此您有什么看法？

台湾蓝宝：其实我（主要成分为 SiO_2）与蓝宝石（主要成分为 Al_2O_3）的化学成分差别很大，并不是真正意义上的蓝宝石。虽然还未跻身高档宝石的行列，但由于我产量稀少，价格一直在上升。与和田玉的命名类似，我的名字也不具有产地意义，无论是否产自中国台湾，只要具有相同的化学和物理性质，在市场上的商业名称都为“台湾蓝宝”。

有绯闻的珠宝还有很多，希望大家擦亮眼睛，灵活运用所学的专业知识与实践经验相结合，辨别真伪。

台湾蓝宝戒指

台湾蓝宝手镯

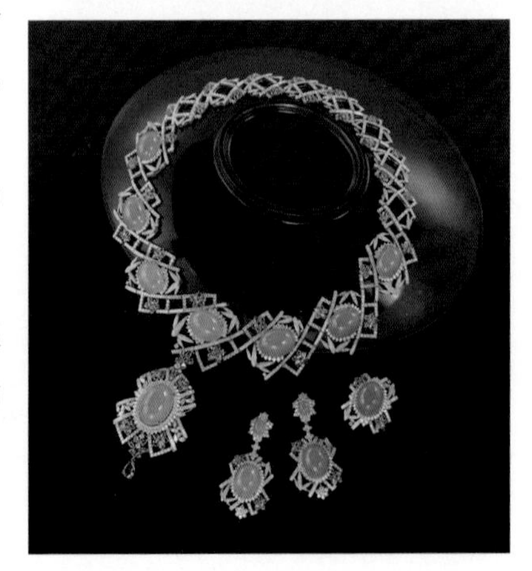

台湾蓝宝套装

千万年前的大地苍茫，枝繁叶茂，这些自生命起源之时便存在的精彩景象，都被彩斑菊石记录保存，它将带给我们惊喜。

身披七彩、远古而来
——彩斑菊石

文 / 图：金芯羽

生命的起源于远古时代，从单细胞到多细胞，从海洋到陆地，由简单到复杂，生命之树一旦发芽，自然界的严寒酷暑都难以遏制其生长的力量，大树繁茂，直接苍穹，海洋陆地的动物品种更是纷繁斑斓。经过了漫长的地质变迁，生命之花凋零又开，大自然给予了人类最慷慨的馈赠，有机宝石应运而生，它们走过了一段或长或短的生命旅程，使得这种美丽更显得厚重而有底蕴。今天笔者就为大家讲述一种从远古而来的有机宝石——彩斑菊石。

【彩斑菊石的名片】

彩斑菊石是一类生存了将近3亿年、现已灭绝的海洋动物的菊石化石，其壳形多变、壳层美丽，标本容易保存完整，可作为宝石应用。

关于菊石有着这样一个神奇的传说：公元前16 世纪的埃及尼罗河畔的底庇斯城，有一位称作 Jupiter Ammon 的帝王，他统治着北非地区的埃及、埃塞俄比亚和利比亚，并曾一度入侵圣城耶路撒冷，后人为其建立了 Ammon 神庙，他的头上有一对像山羊角一般的犄角，这对犄角的希腊文译成英文是 Cornu Ammonis。欧洲地区中生代菊石化石十分丰富，其中有不少类型与羊角十分相像，古希腊人认为这种形状奇特的石头是由 Ammon 神头上那对犄角变成的，于是用 Ammon 神来命名这类石头，英文译作 Ammonite。

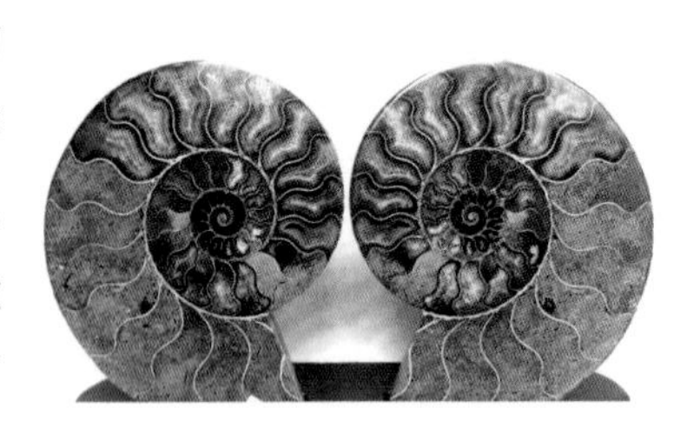

彩斑菊石化石摆件

彩斑菊石化石（几乎无变彩）

彩斑菊石的主要产地为美国、英国、加拿大等，但目前具有经济意义的产地是加拿大亚伯达地区，规模开采于 1981 年，也算是珠宝界新颖的宝石品种。

【彩斑菊石的“小秘密”】

学者阴家润曾为彩斑菊石做了一首诗，诗中这样说道：“亿年菊石不寻常，落矶山下变宝藏，试将彩虹作霓裳，霞光绮丽艳四方。”那么这彩虹一般的“霓裳”是如何产生的呢?

彩斑菊石化石（油画斑彩）

通常情况下，宝石的颜色是由于宝石对光的选择性吸收所产生的，但彩斑菊石的变彩效应是由于其表面细小的文石小板堆积层对可见光的干涉作用所致。

表层越厚，越容易形成红色的变彩；表层越薄，越容易形成蓝到紫色的变彩。此外，菊石中还含有很多矿物成分以及微量元素（如铝、铁、镁等），这也是其颜色多变的原因。由于具有蓝紫色斑的彩斑菊石其表面文石薄层太薄极易破碎，完好的蓝色变彩非常难得，所以在市场上常见的是红绿色的彩斑菊石，蓝紫色的品种很少，其价格也较为昂贵。

稀有粉红蓝色变彩

绿橙色变彩

全绿色变彩

蓝绿紫色变彩

稀有蓝紫色变彩

稀有紫色变彩

红黄色变彩

【彩斑菊石与欧泊的区别】

彩斑菊石是菊石科生物化石中能达到宝石级别的品种，外观貌似欧泊，也具有斑斓的变彩效应，但是其变彩的成因以及变彩的多少和颜色却与欧泊大不相同。

绿橙色彩斑菊石

欧泊的化学成分为 $SiO_2 \cdot nH_2O$，其变彩是由于内部含水的 SiO_2 小球组成的三维衍射光栅所致，树脂光泽至玻璃光泽，摩氏硬度 5~6，相对密度 2.15。

彩斑菊石的主要成分为碳酸钙及少量有机质，以文石结构为主，也含有少量的方解石、黄铁矿等；具典型的层状结构，可呈现珍珠光泽，摩氏硬度 2.5~4，相对密度为 2.73~2.82，遇酸会有气泡反应，所以日常佩戴要小心哦。

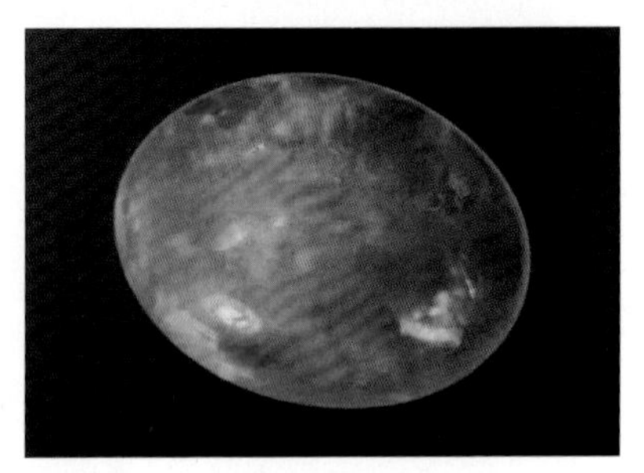
澳大利亚欧泊

【彩斑菊石首饰特点】

彩斑菊石的化学成分主要为碳酸钙，因此具有怕酸、硬度低的缺点，故而在制作首饰时，常常被制成三层拼合石，其中上层多使用水晶或者合成尖晶石，这样可以很大程度地提高首饰的耐久性。此外，通常不将彩斑菊石打磨成规则形状，其首饰目前也多以随形设计为主。

彩斑菊石随形吊坠

刻面彩斑菊石吊坠

彩斑菊石着岚裳，晔如晴天散彩虹，这是一份来自大自然的馈赠，色彩纷呈，流光溢彩。那么，从远古海洋而来，身披七彩岚裳的彩斑菊石，是否用它的美丽打动了您呢?

年关将至，我们也要好好整理一下思绪，盘点一下生活，积攒力气，迎接下一年的灿烂和挑战。

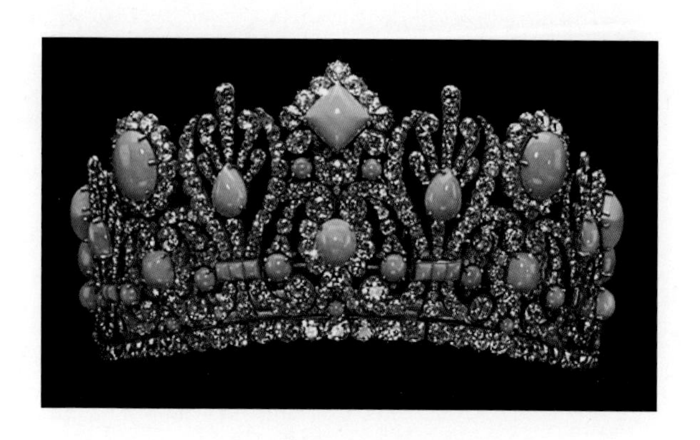

星移斐然，道无尽深情
——生辰玉系列大盘点

文 / 图：董一丹

【1 月生辰玉——南红玛瑙】

春节将至，在外奔波许久的游子归乡，辛苦劳作的人们放下活计，迎接新年。家家户户张灯结彩，街头巷尾一片火红。红色是国人难忘的情怀，南红玛瑙也最能体现这种情怀。火红的颜色照亮人们回家的路，牵动着亿万国人的家族情怀。

南红玛瑙吊坠

南红玛瑙古称“赤玉”，具有胶质感，易雕刻，宜镶嵌。热烈浓郁的颜色激发我们对新生活的向往；温润的质地让我们眷恋亲人般的怀抱。国人对红色的喜爱随着历史的脚步流传至今，将红色事物作为纳祥辟邪的瑞物，对太阳的崇拜，对宗教的信仰，对未来的希冀，都蕴涵在南红玛瑙的热情与温暖里。

【2 月生辰玉：大同紫玉与舒俱来】

浓厚的文明积淀给予国民雍容大气的涉世风度和亲临盛世的权利。前有老子过函谷关时，关令尹喜见紫气东来之说，后有范仲淹的“冉冉去红尘，飘飘凌紫烟”，历史传说让紫色存在于皇权社会的高贵奢华和仙圣之说中。云烟自远古飘来，凌空之上，寓意吉祥。正因如此，不禁让人们想起了大同紫玉和舒俱来。

大同紫玉镶嵌吊坠

大同紫玉出自山西赵家沟西部，玉髓颜色浓郁且饱和度高，质地细腻坚硬，绝于红尘之外的高贵扑面而来，经过切割、镶嵌等工艺的紫玉颜色柔和，风格优雅。

舒俱来，宝石主色调以紫色为主，幻梦缤纷，惹人沉醉，高贵大气的舒俱来颜色亮丽，樱花粉色是最近的大热色系，受到人们的青睐。在弥漫浪漫爱情和雍容贵气的二月，象征高贵的大同紫玉和代表爱情的舒俱来作为二月生辰玉可谓实至名归。

舒俱来雕件

【3 月生辰玉——台湾蓝宝与海纹石】

台湾蓝宝戒指

与寒冷凛冽的冬季挥手告别，迎接生灵苏醒的春天。海水一样的台湾蓝宝拥有水的属性——纯净和广阔，让人们拥有包容博爱之心。大海不总是风平浪静的，生活的巨浪与涟漪不断交替，冲刷我们的心，将波痕留在海纹石上，终于，一切归于平静，波澜不惊。

台湾蓝宝的宝石学名称为蓝玉髓，颜色呈蓝绿色，产于中国台湾北起花莲县，南至东台县都兰镇的东岸海岸山脉。人们喜爱其温柔细腻的质地，深信大海的力量会给予生活沉静与勇气。台湾蓝宝颜色明丽，饱和度高，佩戴价值高。

海纹石首饰

海纹石，多米尼加共和国的国石，名为 larimar。海纹石无与伦比的蓝色迎面而来，如海波荡漾，沁人心脾。春风拂去疲惫，大海的清新使人振奋，优雅干练收敛于大气沉稳之中，人们翱翔天际，书写出彩人生。

【4 月生辰玉——和田玉】

草长莺飞的诗情画意，蝴蝶嬉戏流连的魅力，促成四月散落人间的财富——新鲜、细腻、温暖与平和。而和田玉的细致、明洁、含蓄、内敛，这些像极了四月天，和田玉作为四月的生辰玉，希望能带给人们仁爱、智慧与纯真。

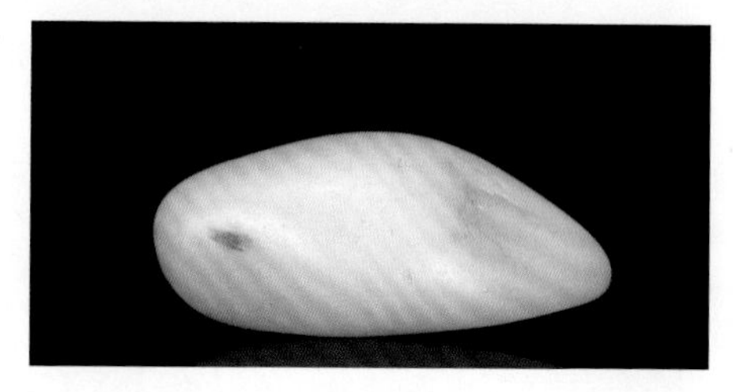

和田玉籽料

和田玉因盛产于新疆的和田地区而闻名，质地温润，呈油脂光泽，颜色多样，以和田白玉为优。古人将玉与德联系起来，“君子无故，玉不离身”。玉德传承至今，演变为国人心中真善美的化身，祈祷家庭和睦，儿女绕膝，风调雨顺，一生平安。经过雕刻的和田玉作品是中国工艺美术史上的重要组成部分，精巧细致的工艺与细腻且具灵性的和田玉相结合，多情山水，不羁贤圣，气质流芳。

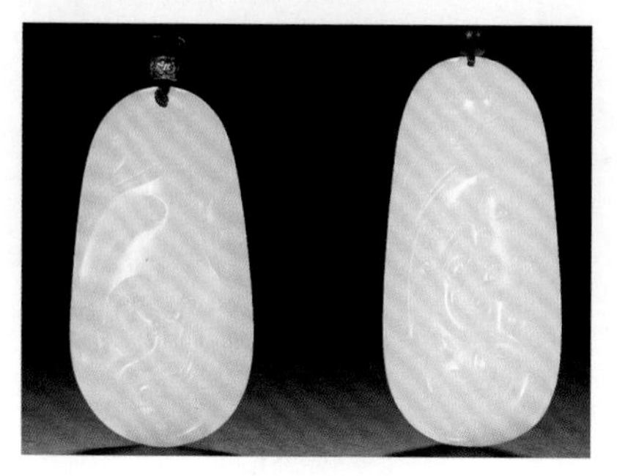

和田玉《龙凤》对牌 蒋喜

【5 月生辰玉——翡翠】

翠绿的新芽随着微风轻轻摇曳，和煦的阳光照耀大地，五月的每一天都充满活力与生机。

在这个季节，草木繁盛，花儿娇艳，醉人的魅力完全匹配被称为“玉石之王”的翡翠。翡翠的颜色丰富多彩，几乎覆盖了整个色谱的颜色，其绿色品种备受瞩目。

翡翠手镯

自翡翠传入中国，无论是紫禁城的帝王皇后，还是民间市井的百姓，都被翡翠的气质与美丽所打动，出于此因，大量翡翠饰品作为中华民族历史文明的传承者被保留下来。翡翠作为名贵的玉种，呈玻璃光泽，质优者色泽如玻璃般剔透，现代的评价体系通常以“正”“浓”“阳”“匀”“和（俏）”来评价翡翠。

翡翠戒指

【6 月生辰玉——孔雀石与水草玛瑙】

六月，这是一个温情脉脉，清新淡雅的月份。有一抹绿色情怀，穿过心的门楣，在清风盈盈里诉说着一个古老而神秘的故事。正如孔雀石与水草玛瑙它们自身变幻莫测的美，构成了一幅幅彩绘的艺术画，将这抹素净淡雅浮现其中。

孔雀石作为六月的生辰玉，饱满的颜色，圆润明丽的图案为其披上亮丽的外衣。因颜色酷似孔雀羽毛斑点的绿色而得名“孔雀石”。在中西方的神话中，孔雀石主要作为护身符出现。在现代社会，孔雀石做成的镶嵌首饰、串珠等深受人们喜爱。

孔雀石香炉

在夏夜的沉静中寻得一丝清凉，鱼儿在水草间自如穿行，这种景象在水草玛瑙的生动图案中得到具体展现。水草玛瑙作为玛瑙类的一种，英文名为 moss agate，点滴丝绿衬托了六月生辰玉应有的灵气与禅意，图案生动有趣，宛似生动的自然画作。

水草玛瑙鼻烟壶

【7 月生辰玉——战国红玛瑙】

热辣似火的骄阳给予人们考验，在七月，迎来党的生日，红霞满天；在七月，收获蔬菜瓜果，让生活充满干劲。热烈的红色与黄色充盈鼓舞整个月份，这份热情也只有战国红玛瑙来点缀最为恰当。

战国红玛瑙是隐晶石英质玉石的一种，抛光平面呈玻璃光泽，简约的加工工序便可凸显其独特魅力。战国红玛瑙作为玉石界的新品种，独特的色彩交织搭配和谐，让人浮想联翩，象征着喜庆与乐观、吉祥与尊贵。无论是广袤的中华大地，还是翻转奔腾的巨龙，都是人们对于生活的美好祝愿。

战国红玛瑙手镯

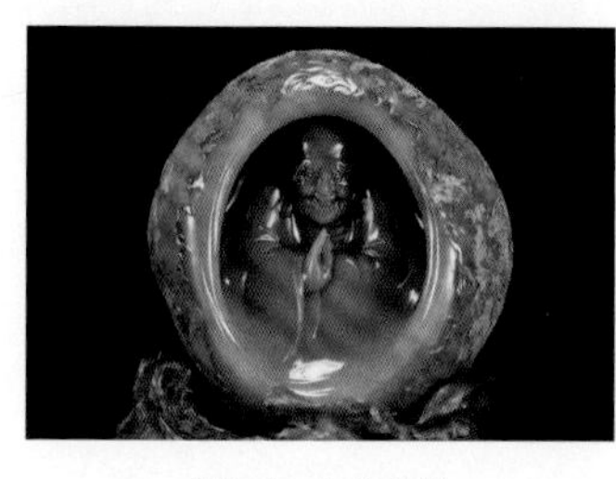

战国红玛瑙雕件

【8 月生辰玉——岫玉】

八月的午后知了声声鸣叫，燥热暂时没了脾气；白日的炽烈褪去，诉说盛夏夜晚的秘密；窗外的瓜果满枝头，馥郁正浓…… 眼前景象让人感到舒心惬意，这是静谧的力量，也是岫玉的魅力，作为八月生辰玉，儒雅身后，会意阑珊。

岫玉是产于辽宁岫岩的蛇纹石质玉，质地极其细腻，气韵高雅，浑然天成的气质受到人们喜爱。其历史悠久，被称为中华民族文明起源的见证之一。市场上的岫玉颜色多为浅绿色、黄绿色、深绿色，雕刻造型风格多为古朴之物，镶嵌饰品风格清雅秀丽。

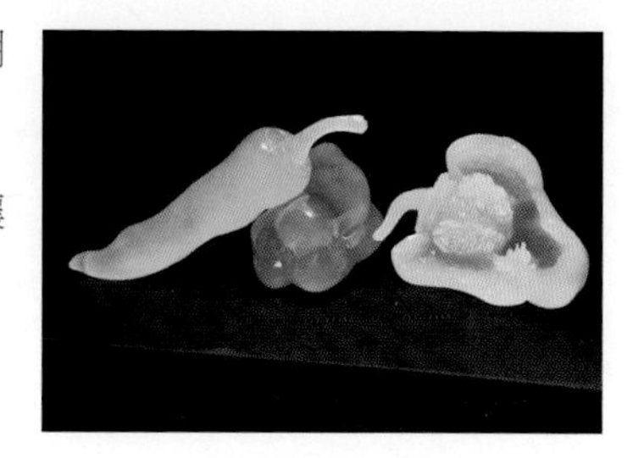

岫玉雕刻摆件 唐帅

【9 月生辰玉——青金石】

秋日见底蕴，好景知时节。早秋的九月是个美丽的季节，气息澄净，秋雨微凉，万物都在贪恋着寒冷前最后一缕舒适。天空湛蓝肃穆，星星点点的光芒闪耀其中，油画般的美丽景色同样呈现在青金石中。

青金石龙纹鼻烟壶 清中期

作为九月的生辰玉，青金石透着中西方千年的历史痕迹，象征威严和睿智。青金石是多种矿物的集合体，因其含有黄铁矿，从而点缀了靛蓝的底色之美，形成夜空之势，深受设计师和消费者喜爱，属于佛教七宝之一。

【10 月生辰玉——独山玉】

它变幻莫测、丰富多彩，绿如翠羽、白如凝脂、赤如丹霞、蓝如晴空，让我们用独山玉的色彩来比拟祖国绵延的山峦、傲立的松柏、盛开的花朵、丰收的果实，还有那永不止息的河流吧！

独山玉色彩艳丽丰富，多用于雕刻工艺，原石的丰富内容配以淋漓尽致的工艺，将祖国的壮丽山水，历史之事映于玉石之上。

独山玉雕件

【11 月生辰玉——黄龙玉】

天高云淡藏秋凉，草木黄落尽秋日，漫野的明黄是大自然赐予人类的恩典。黄龙玉的特质与十一月相映，取其审美与文化的双重意蕴，作为十一月生辰玉。东方文化中的“黄”是尊贵之色，“炎黄子孙”传承五千年文化的辉煌。

黄龙玉手镯

黄龙玉的品种类别与翡翠、和田玉一样可按其产出状况分为山料、草皮料、山流水、籽料。颜色以黄为主，可细分不同色系，质地温润细腻，质优者可做成摆件、镶嵌首饰等。

绿松石雕兽面纹觥 清乾隆

【12 月生辰玉——绿松石】

寒冬腊月，枝头见白，早间晨雾，窥得新年美景。浮云散尽，澄净的天空淡泊凡尘俗事，如同绿松石的气质——大气、沉稳。绿松石历史底蕴绵长丰富，自古受帝王贵族爱惜，在西方也有传说至今：古代波斯人相信如果清晨第一眼看到的是绿松石，便会充满幸福与好运。

绿松石镶嵌戒指

绿松石因其外形似松球，颜色似松绿而得名，英文名为 Turquoise，（传说自波斯经土耳其运进欧洲而闻名）产地有伊朗、中国、美国、俄罗斯等。绿松石通常呈蜡状至玻璃光泽，颜色为评价体系中的重要因素，颜色优劣依次为：天蓝色、深蓝色、蓝绿色、绿灰色等。绿松石的颜色艳丽，深受各大品牌设计师青睐，因而近年来绿松石的设计作品在市场上层出不穷。

JEWELRY DESIGN
艺术设计

古巴比伦文化给予人类探索文明的权利，同样也带给人类丰富的艺术财富，马赛克与珠宝的结合赋予珠宝设计别样的风情。

为您心爱的“它”打上“马赛克”——“马赛克”艺术珠宝

文/图：张格

马赛克花园中的陶瓷博物馆

马赛克，这项工艺发源于古巴比伦，是古老的装饰艺术之一。在古希腊、古罗马以及拜占庭时期是一种广泛应用的装饰形式，在宫殿、教堂等公共建筑的墙壁上以及饰品的装饰中十分常见。马赛克装饰具环保性，贝壳马赛克、大理石马赛克、玉石马赛克等装饰材料均是采用纯天然原料制成，在加工过程中不加入任何有害物质，是一种传统自然的装饰方式。

马赛克艺术是以贝壳、玻璃等有色物品绘制图案并拼接表现的一种镶嵌形式，这种古老、传统的镶嵌工艺随着时代发展展现出了多元化的形态，马赛克与珠宝的结合为我们带来了又一度的华美绽放。

Sicis“微马赛克”珠宝套装

【Faberge 马赛克珠宝】

马赛克作为一种镶嵌艺术，与珠宝首饰有多种多样的结合方式，主要表现形式有群镶宝石的组合拼接，珠串流苏，以及珐琅彩首饰等。其中，法贝热（Faberge）珠宝便是绚丽奢华的马赛克元素珠宝典范。

Faberge 复活节彩蛋

在莫斯科、基辅和伦敦都开设了由 Faberge 亲自指导制作珠宝的独立作坊，其作坊所制作的复活节彩蛋特别精巧，被称为“俄罗斯彩蛋”，俄罗斯和各国皇室皆视其为珍品。

Faberge 作为一个优秀的设计师，执着于金、银、翠玉、宝石等珍贵材料的加工。他颠覆传统、摆脱束缚，创造出很多使人眼前一亮的马赛克风格珠宝。

【Sicis“微马赛克”珠宝】

Sicis“微马赛克”珠宝套装

微镶马赛克工艺在珠宝中的运用，可追溯至 18 世纪的罗马。Sicis 公司开发了微镶马赛克钟表珠宝系列，在不断研究改进后，推出了几近完美的珠宝作品。Sicis 公司为制作精美的微马赛克珠宝，成立了微镶马赛克艺术研究室，Sicis 将现代化的珠宝加工与传统珠宝技艺完美融合。

Sicis“微马赛克”腕表

【Chanel 马赛克珠宝】

珠宝并不一定都是我们日常所佩戴的，也可以作为古董一般与世长存，Chanel 的 Café Society 臻品珠宝系列便是这样万里挑一的珍品，这一幅幅美丽的马赛克镶嵌画，赋予了珠宝艺术别样的生命气息。

现代珠宝设计师和珠宝品牌的设计风格争相效仿着马赛克装饰风格，在宝石组合方式、配色、装饰形式等方面都可找到相似之处，马赛克艺术与珠宝的邂逅为我们带来了别样的视觉盛宴。让我们期待着更加精美绝伦的珠宝作品吧！

Café Society 臻品珠宝系列

青丝绾绾，对镜花黄，着玉簪，正发冠，瓜田架下赏明月，春花锦簇赋诗音，苍穹作画，繁星点缀，赏世间美景，佳人再无双。

“斜溜鬟心只凤翘”
——品味古代华簪之美

文 / 图：鲁智云

簪在古代称为“笄（jī）”，女子插“笄”，被视为标志成年的大事，举行仪式，称为“笄礼”，意味着一朵鲜花最美丽的绽放。如今在学术界中，簪的定名并不统一，“簪”、“笄”都有使用。在漫长的中华民族文化的发展过程中，发簪饰的材质、形制、制作工艺等都发生了不同程度的变化。

新石器时期骨笄

【玉簪饰的出现】

“笄”，最早出现是在新石器时代的仰韶文化中，由兽骨制成。

从商周时期开始，出现了少量玉石制作的玉笄，并且在其上面出现了一些鸟兽、兽头等图案。从此，玉簪饰开始具备装饰用途。

商朝玉笄

【玉簪饰的演变】

笄发展到周朝的时候便有了“簪”的叫法，从奴隶社会商周开始，伴随着社会生产力的进步与第一次玉器发展高峰的到来，到西汉时期发簪进一步演变出了发钗的形式，发钗和发簪都用于插发，但两者的结构有所不同，发簪形式为一股，而发钗一般为两股。

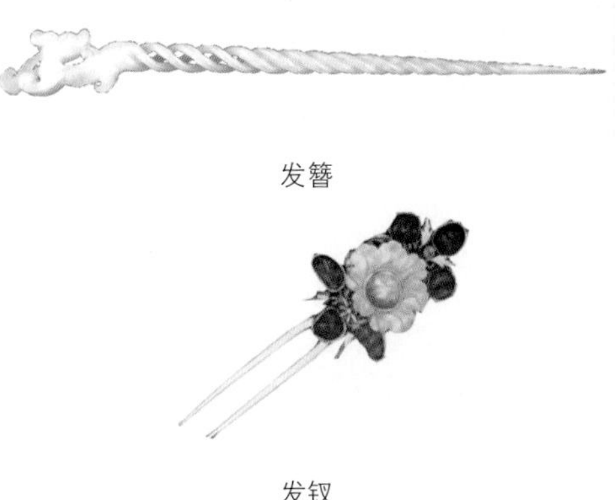

发簪

发钗

西汉时期，迎来了我国玉器发展的第二个高峰，除了玉质的发簪之外，发簪饰还出现了“步摇”、“华胜”等不同的头饰品样式。在发簪上装缀一个可以活动的花枝，并在花枝上垂以珠玉等饰物，插戴这种首饰，走起路来，簪上的珠玉会随着步伐而自然地摇曳，称为“步摇”，而“华胜”则指的是古代妇女佩戴的一种花形首饰。

步摇　　华胜　　唐代发簪

在唐、宋、元、明时期，发簪饰的用材更加丰富，颜色艳丽，制作手法也更加精巧绝伦。发簪饰在纹样上的设计愈发华美富丽，但使用形式上却无更加突出的变化。

满清入关后，曾流行过一种叫做扁方的头饰，与汉代长簪有类似作用，虽都是用来固定发型，但使用对象有所不同，据考证扁方可能是由长簪演变而来的。

扁方

【古代男士的发簪饰】

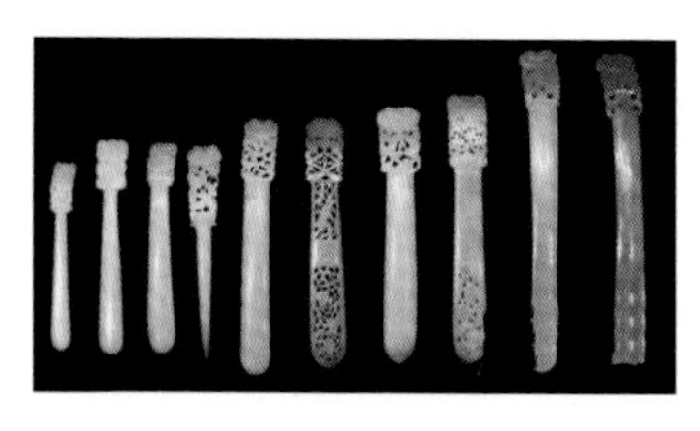
古代男士发簪

现在，人们习惯地把发簪等发型装饰品与女性联系在一起，然而在中国古代，发簪并不是女性的专属品。唐代诗人杜甫在《春望》中就有“白头搔更短，浑欲不胜簪”之句，发簪属于一种用来固定头发的通用品。与女性发簪饰相比，男性发簪饰的区别在于做工和用料上略显简单质朴，少有精雕细琢的花饰，造型比较厚重，而由发簪演化而来的钗、步摇等则多与女性相关。

【华美发簪饰赏析】

在商周时期，出现了和田玉与贵金属金银制作的发簪饰。秦汉时期，伴随着制作工艺的不断发展，发簪饰材料的应用更加广泛，玉、金、牙、玳瑁等无不涉及。在明代的发簪上镶嵌有红（蓝）宝石、猫眼石、珍珠等宝石材料，人们开始讲究金银彩宝之间的搭配。清朝则出现了大量翡翠发簪饰。从古至今，与珠宝玉石相关的发簪饰往往比一般材质的发簪更具收藏价值，例如以和田玉、翡翠为主体材料的簪饰，其用材不比同种材质的挂件少，相反由于簪饰要做成细长状，对原料及其加工工艺的要求反而更高，不能有断裂和瑕疵。

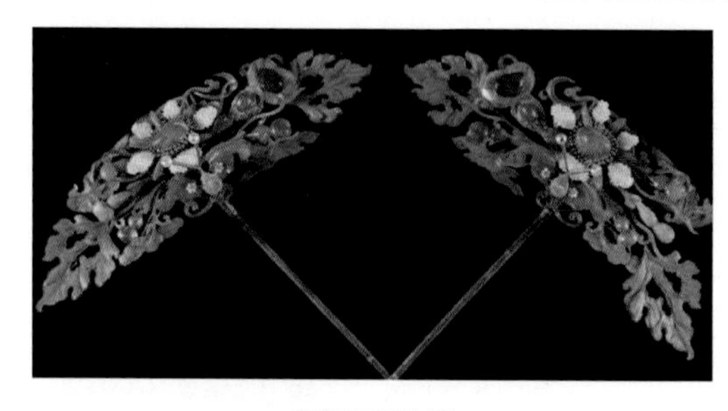
彩宝玉石发簪

北京明定陵地宫出土的孝靖皇后楷书“万寿”字簪，“万寿”二字为白玉琢成，“万”字上嵌有一颗红宝石，“寿”字上嵌有一颗蓝宝石，底部为嵌有宝石的金托，做工精巧，为皇家造办精品。

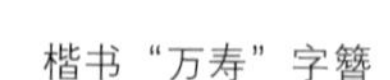
楷书“万寿”字簪

慈禧使用过的翠玉透雕龙头簪，由一整块翡翠制成，精雕细琢的簪首使用珍珠和红宝石点缀，整体造型端庄素雅，象征至高无上的皇权。

翠玉透雕龙头簪

清宫旧藏白玉嵌翠碧玺花簪，簪首为扁片状，两面纹饰对称，选用红、蓝宝石和碧玺雕琢成花朵造型，翡翠雕成花叶，组合成花草图案，柄端镶嵌一朵粉色碧玺花，为发簪中罕见的精品。

白玉嵌翠碧玺花簪

【小结】

“青丝渐绾玉搔头，簪就三千繁华梦。”发簪饰在我国古代人们的日常生活与文化中扮演了非常重要的角色，兼具实用与装饰功能，虽然在现代社会中由于人们发式的改变而渐渐失去了昔日的辉煌，但由于其独特的文化内涵而被众多收藏家所喜爱。

云南少数民族米珠牛角发簪

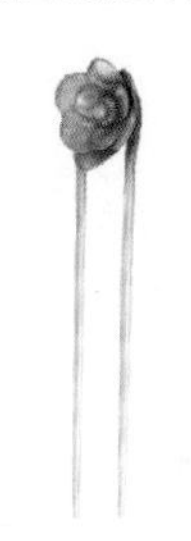

苗族银质发钗

“斜溜鬟心只凤翘，唯将此物表深情。”在步伐日愈加快的现代生活中，何不在闲暇时来品味一下古典华美的发簪饰文化魅力呢?

复杂的事情也藏有深情，繁复的图案也闪耀光芒。

唯美的视觉“暴力”——极繁主义珠宝

文 / 图：张格

设计是社会与时代的缩影，“极繁主义”是艺术家们在艺术道路上探索的智慧结晶，它是一种极具繁复色彩的现代风格。随着复古风潮的再度袭来，时尚的珠宝设计师们从繁复的古董珠宝中汲取灵感，设计出华丽、梦幻而又独具特色的珠宝首饰。

在当代的艺术领域中，对极繁主义定义并不清晰，我们将繁复风格的珠宝赋予极繁的名号。我们把“巴洛克”和“洛可可”风格作为极繁主义的代表，它们分别在十七至十八世纪的意大利和法国被提出，直到二十世纪八十年代极繁主义成为用来描述新绘画运动中的一种普遍的艺术现象，二十世纪末则被广泛应用于设计的各个领域。夏日般灿烂的极繁主义相比秋夜之静美的极简主义更能展现人感性的一面，运用绚丽的色彩、繁复的图案、夸张有趣的造型等来满足当今社会人们彰显个性的心理需求，给欣赏者以直接的视觉冲击。

【TASAKI 珠宝】

蕾丝一直被视为极繁主义的典范，细腻而繁复的花纹是“巴洛克”风格最爱的元素。来自法国 TASAKI 的手工丝绸蕾丝珠宝，它优美的线条和繁复的细节处理，曾是当时贵妇们的“必备”饰品。TASAKI 用现代设计理念展现象征奢华的全新典雅珠宝，用光彩夺目的黑珍珠搭配黑色的蕾丝图案。项链搭配变石及黑色钻石，新颖时尚的设计理念结合古典元素再配合精湛的工艺，与时尚女性的优雅相辉映，处处展现出稀世典藏的流光溢彩之美。

TASAKI 蕾丝珠宝套装

【BOUCHERON 珠宝】

Boucheron 推出了强烈的色彩、繁复的造型、璀璨华丽的巴洛克风格珠宝。

Boucheron 的 Dolce Riviera 带我们走进恍若田园的美丽沙滩，这些闪亮的宝石宛如阳光下的粼粼水波。

Dolce Riviera 系列之 Isola Bella 耳环

极繁主义也是 Boucheron 一贯秉承的艺术风格，珠宝设计师捕捉着大自然独特的光彩，像一个色彩大师般精挑细选且准确描绘出这些美艳的宝石——蓝宝石、红宝石、祖母绿、钻石、碧玺、绿松石等，描绘着一副副迷人的画卷：白色的沙滩上有一片茂盛翠绿的森林，蔚蓝的海水拍打着海岸，冷色调的夏日繁花和莹光闪闪的池面被万缕阳光普照……这种轻盈而浓郁的氛围正是 Dolce Riviera 想要突显的耀眼女性魅力。

Dolce Riviera 系列之 Paraggi 戒指

【CINDY CHAO 蝴蝶珠宝】

普契尼的《蝴蝶夫人》谱写了一个使世人落泪的坚贞爱情故事，是世界歌剧史上的不朽之作。华裔珠宝艺术家 CINDY CHAO 的蝴蝶胸针被国立美国历史博物馆收藏时，她便成为了真正的“蝴蝶夫人”，她的设计赋予了每一只“蝴蝶”以旺盛的生命力。

突破 CINDY CHAO The Art Jewel
完美蝴蝶

CINDY CHAO 对于蝴蝶的热爱来源于蝴蝶对于生命所展现出的坚韧蜕变，她将蝴蝶的美表现到了极致。她设计的首饰中蝴蝶的翅膀似盛开的玫瑰花瓣，柔软而舒展，充满生命力的弧度线条，似印象派画家的作品，表现出强烈的色彩和流淌的质感。蝴蝶首饰中的贵金属仿佛成为画板，众多的彩色宝石肆意撒落其上。色彩繁复艳丽的蝴蝶突破工艺上的困难，颠覆传统珠宝的制作技术与设计，成为当代最具代表性的珠宝艺术品。

振翅 CINDY CHAO The Art Jewel
红宝石侧飞蝴蝶

【Tiffany 珠宝】

浩瀚的大海与人类的生存轨迹密不可分，海洋中的神秘生物成就了 Tiffany Blue Book 系列珠宝的无限灵感，它以绚丽夺目的珠宝向海洋致敬。

华美的珍珠、五彩斑斓的彩宝、蔚蓝的绿松石，这些绚丽的色彩无一不代表着奇幻的海底世界。

Tiffany Blue Book 系列之彩宝项链

Tiffany 珠宝的 Blue Book 系列倾尽海洋之能量，谱写着波光粼粼的礼赞。这些独具匠心的作品充满大自然的生命力，演绎着 Tiffany 独到的艺术美学。

强烈的色彩搭配、动植物图案中曲线的巧妙运用，这些极繁主义的特点在现代珠宝首饰设计中得以广泛展现，并且，矢量繁复图案与数码位图的设计完美结合给人以强烈的视觉冲击力，也成为现代极繁主义珠宝的重要特点。

事实上，极繁主义通常与极简主义并列共存。在某个时期只是大家都偏爱极繁主义，所以它被大众所推崇和喜爱。极繁主义者和极简主义者之间的争斗是不断循环着的，事实上这是功能性和装饰性之间的斗争，那么何为极简主义呢？请期待笔者即将为大家带来的极简主义珠宝盛宴吧！

Tiffany Blue Book 系列手镯

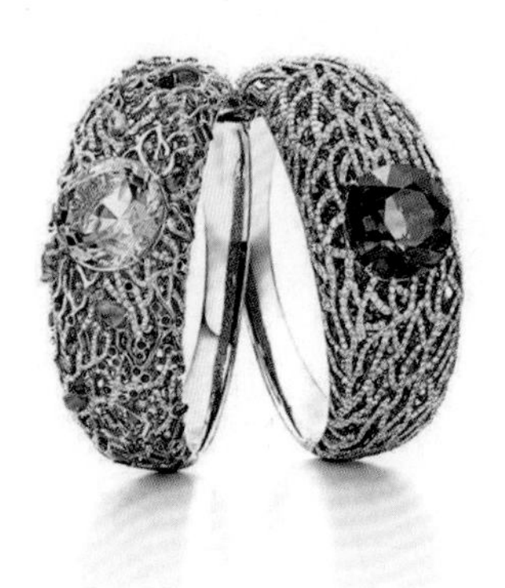

Tiffany Blue Book 系列之彩宝手镯

简单的世界暗含感世情怀，质朴的力量也足以感动人生。

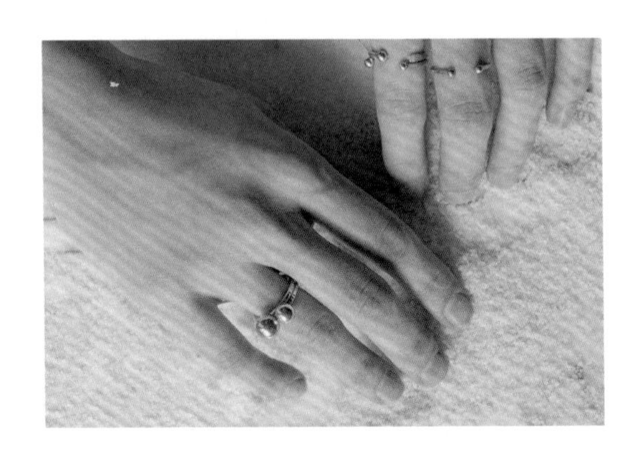

空即是色、少即是多
——极简主义珠宝

文 / 图：张格

Empire 玫瑰金戒指

复杂与简单是时尚界永远轮回的两极，繁复风格的珠宝带来精美的华丽与盛世的雍容优雅，而简约的珠宝却能带来完全不同的清丽观感。这种极简主义珠宝的流行便是珠宝中对于“少即是多”哲学的实践，或许这原本便是我们内心返璞归真的真实诉求。

“极简主义”也译做简约主义，是 20 世纪 60 年代所兴起的一个艺术派系，又可称为“Minimal Art”。如果说传统艺术结束于印象派，那么现代艺术就是终结于极简主义，在感官上简约整洁，在品位和思想上更为优雅。

极简珠宝神奇之处便是给人一刹那清爽干净的感觉，它有简洁的线条，单一的色彩。不造作、不矫情，是简约珠宝的核心理念。因此，此类珠宝非常适合大气、实干的职场女性佩戴。

Hirotaka 耳钉

【Another Feather】

手工饰品 Another Feather 由美国设计师 Hannah Ferrara 创立。Hannah Ferrara 对旅行的热爱是她灵感的来源，不同的风光和文化都令她着迷，也许只有远离生活的喧嚣时，才能创造出源自内心的珠宝。Hannah 热衷使用可再生金属，使用原始的金属锻造工艺，创造出简约而优雅的饰品。Another Feather 首饰品牌干净而高曝光的宣传照片为她赢得了不少人气。人们逐渐对市场上过于复杂的珠宝设计感到疲惫，Another Feather 品牌极致的极简主义设计路线与几何元素的运用使她的首饰看起来轻松且充满趣味。

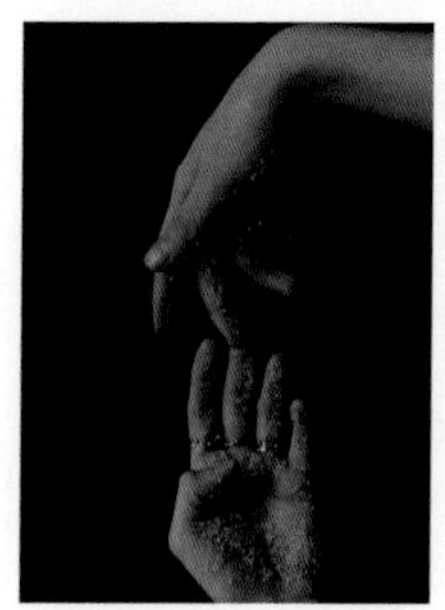

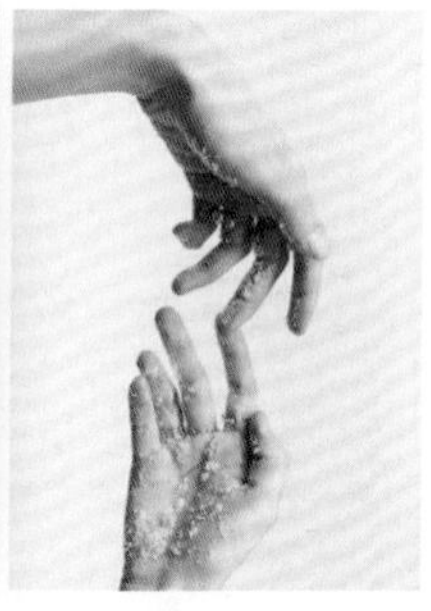

Another Feather 戒指

Another Feather 首饰套装

【Hirotaka 珠宝】

珠宝设计师 Hirotaka 的春夏系列首饰，其创作灵感来自于自然世界，每一件精致的工艺品后面都有一个独特的故事。Hirotaka 喜欢把自己对生活独特的感触或者经历化作设计源泉和灵感，在他眼中，每个小物件都富有故事和生命。Hirotaka 精致巧妙地将极简主义设计与异国情调完美结合，佩戴一款异域风情的简约珠宝将使您走在时尚的前沿!

【Myriam SOS 珠宝】

Hirotaka 戒指

Hirotaka 耳钉

塞浦路斯珠宝商 Myriam SOS 推出的珠宝系列“Skyline”，将极简主义珠宝风格完美地演绎出来。Myriam SOS 珠宝专为独立女性设计，它拥有干净利落的轮廓、时尚前卫的造型。Skyline 系列的造型源自现代建筑的启发，Myriam SOS 将极简的线条与复杂的设计细节实现完美平衡，将建筑外观提炼为抽象的线条，例如：用弧面来表达“伦敦奥林匹克自行车馆”的拱形屋顶；镶嵌一颗纤长的阶梯型海蓝宝石象征“纽约”的城市天际；或是采用半圆环手镯来呈现“北京国家大剧院”的鹅蛋形外观轮廓……

在这个多彩的珠宝界，充满个性的珠宝设计师们都在追求特立独行的设计风格及理念。简约的设计理念及独具特色的创意，每一件首饰都能呈现出现代时尚的韵味。对于现代女性来说，珠宝的佩戴不仅可以使穿戴更显品位，更能体现出一种脱俗的时代感。

愿你能找到属于自己的时尚珠宝，珍藏一份属于自己的独家记忆!

Power 玫瑰金耳钉

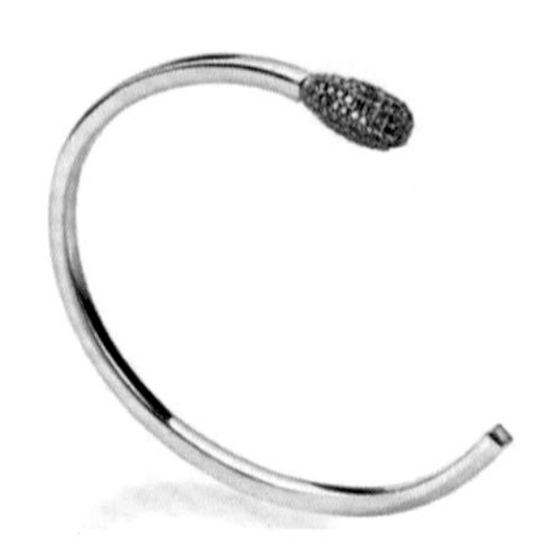

Art18K 金手镯

玻璃罩里的王冠独自散发着璀璨的光芒，它穿越历史的溪流，携着文化的缱绻，跃然眼前，不知奢华背后的故事是否更动人？

传奇王室，奢华皇冠
——欧洲王室皇冠

文 / 图：潘彦玫

拿破仑加冕场景

皇冠是世界各国皇室的象征，从全世界各地搜罗来的珍稀珠宝都会被毫不吝啬地用来打造王室的皇冠。皇冠十分珍贵，通常只有出席重大场合时才被佩戴，它与王室的历史更迭交融在一起成为无尽奢华的珠宝传奇。

【欧洲王室皇冠分类】

加冕皇冠（Coronation Crown）

只在加冕典礼时使用，皇室成员可以自行佩戴或由教会主教为之佩戴。

王冠（Crown）

专指带有皇权象征的冠冕，只在非常重要的正式场合中使用。

苏格兰皇室王冠

皇冠（Tiara）

一种单纯的环状头饰，一般制作成可拆卸替换的配件，配合支架，可以拆分成项链、吊坠、胸针等形式。

皇冠和王冠外形上有什么区别呢？通俗来说，皇冠更像是环状的头饰，而王冠则绝大多数有封闭的拱形的梁状结构，并装饰有十字架，象征君权神授。

环状皇冠

【传奇皇冠】

圣爱德华王冠（St Edward's Crown）

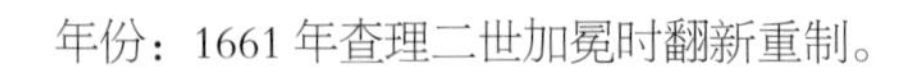

年份：1661 年查理二世加冕时翻新重制。

工艺：采用英国传统的圆环加 4 道弓形拱的主体结构，拱形之间是各种宝石镶嵌的百合花和十字架。皇冠共镶有 2868 颗钻石、17 颗蓝宝石、11 颗祖母绿、5 颗红宝石，还有 273 颗珍珠。

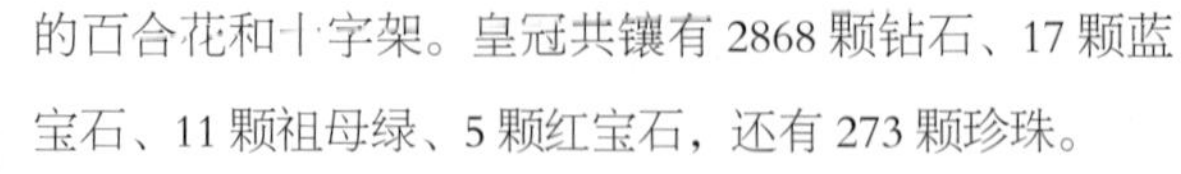

圣爱德华王冠

最初的圣爱德华皇冠属于英格兰国王圣爱德华。1649 年，随着查理一世被斩首，该皇冠也被送进了伦敦塔内的铸币厂。原本计划将皇冠上的黄金融化后铸成金币，但是皇冠被保皇势力藏了起来，在 1661 年查理二世加冕时，该皇冠被翻新重制成为我们如今所见到的样式。圣爱德华王冠是英国王室中最重的一款王冠，但由于实在太重了，后来的维多利亚女王及其子爱德华七世国王加冕时都拒绝佩戴它，不过现任女王伊丽莎白二世在加冕典礼上再次佩戴了它。

帝国王冠

帝国王冠（Imperial State Crown）

年份：诞生于15世纪。

工艺：款式类似于圣爱德华王冠，但比前者略小且顶部工艺更为复杂，帝国王冠的主体结构为银质有四个交叉的弓形拱组成，拱顶是一个镶嵌有钻石的十字，王冠的正中间为著名的“黑王子宝石”及世界第二大钻石“非洲之星第II”。

帝国王冠是英国国王在国事活动中佩戴最为频繁的王冠，经常会依据君主的年龄、个人风格以及损坏程度被改造或替换。女王加冕时，人们将王冠加以改造，使其更富女性色彩。如今，女王伊丽莎白二世每年会佩戴帝国王冠出席英国议会开幕大典。

大不列颠及爱尔兰之女皇冠（The Girls of Great Britain and Ireland Tiara）

年份：1893年，作为玛丽王后的结婚礼物。

工艺：钻石垂花设计，皇冠顶部最初有9颗大珍珠，1914年，玛丽王后将皇冠改造，去掉珍珠换上了钻石。

大不列颠及爱尔兰之女皇冠

这款皇冠是大不列颠和爱尔兰的女孩们组成的委员会为玛丽王后准备的结婚礼物。1947年，玛丽王后将其再次作为结婚礼物送给了伊丽莎白二世，这款皇冠可谓是伊丽莎白二世最心爱的皇冠，频繁佩戴它出席各种场合，甚至在为印制新钞拍摄照片时，伊丽莎白二世也会佩戴这顶皇冠。

英镑

剑桥爱人之结皇冠（Cambridge Lovers Knot Tiara）

年份：1914 年，玛丽王后仿造其祖母的一个皇冠制作而成。

工艺：由 19 个钻石网格组成，每一个网格中镶嵌一颗东方珍珠。

这款皇冠又名“珍珠泪”，戴安娜王妃大婚时就是佩戴此款皇冠。由玛丽王后命人制作，后来女王伊丽莎白二世将它作为结婚礼物送给了戴安娜王妃。戴妃婚后经常佩戴此皇冠，与查尔斯王子离婚后，戴安娜将其还给了女王。

剑桥爱人之结皇冠

威尔第米亚公爵夫人皇冠（The Grand Duchess Vladimir Tiara）

年份：由俄国沙皇的皇家珠宝制作师在 1874 年完成。

工艺：皇冠由 15 个钻石圈环与丝带组成，配有 15 粒美丽的水滴形珍珠，后来珍

镶嵌珍珠的威尔第米亚公爵夫人皇冠

珠被替换成了水滴形祖母绿。这顶皇冠现在配有两套宝石，一套珍珠、一套祖母绿，并且有三种样式可以组合佩戴。

镶嵌祖母绿的威尔第米亚公爵夫人皇冠

这顶皇冠最初的主人是俄罗斯的威尔第米亚公爵夫人，后来这顶皇冠被卖给了玛丽王后，王后用15粒水滴型祖母绿替换了原本的珍珠。伊丽莎白二世也在无坠饰的情况下佩戴过这顶皇冠几次。也许是因为多变的形式，它成为了伊丽莎白二世最喜欢的皇冠之一。在1980年她将皇冠的底托从银质改为金质，以应对频繁地使用。

美丽的宝石凝结了自然的精华，精湛的工艺带来奢华的享受，传奇的故事更赋予了皇冠独特的魅力和价值。皇冠之上，珠宝闪耀着璀璨的光芒；皇冠背后，一段段动人的故事承载着爱与传奇。视觉与心灵的双重震撼，自然精粹与人文历史的交相辉映使皇冠成为一种经典高贵的珠宝品类，经久不衰，吸引着越来越多的人沉醉于它的美丽。

欧洲绿松石皇冠

镜头会赋予珠宝更立体的生命，创意会带给珠宝不重叠的个性，希望你会找到那家奇幻照相馆，拍摄人生的时尚大片。

珠宝还能这么拍
——创意珠宝大片

文 / 图：张格

当珠宝遇到创意，珠光宝气也在别样的镜头前失去了俗气，重新雕琢出个性来。璀璨的珠宝渲染出幽默诙谐、典雅庄重、神秘诡异的气氛，就让笔者带大家走进这不一样的奇幻照相馆吧！

佩戴珠宝首饰的造型鸡

时尚大片中，俊美的人像、可爱的动物、美艳的花卉都是珠宝摄影师们常用的装饰“道具”，鸡——这一无法登大雅之堂的家禽如今也走进了摄影棚当起了珠宝明星。摄影师 Peter Lippmann 擅长把别出心裁的概念并置，在他为 Marie Claire 拍摄的一组珠宝作品中，镜头前的小鸡羽毛光泽靓丽、纹路清晰、颜色鲜艳，与闪亮的珠宝搭配，尽显奢华贵气。两种截然不同的气息相结合，时尚另类而不落俗套，令人惊叹。

意大利版《VOGUE》编辑Enrica Ponzellini联合艺术家Mauro Seresini等人将璀璨的珠宝融入到童话世界中去，创造出了一组充满创意童趣的时尚珠宝大片。在这组珠宝大片中，王子与公主、猫头鹰、老鼠、骑士这些经典的童话形象纷纷出镜，与珠宝来了一场浪漫的邂逅。您是否还记得这些经典的童话故事呢?

融入珠宝首饰的各种童话场景

英国版《 VOGUE》的十二月时尚首饰由法国巴黎的设计师Alexandra Bruel设计，她的灵感来自于绚丽的波普文化，在这组作品摄影宣传上她巧妙地结合了泥塑，把蓝绿色香蕉、缤纷绚丽的彩虹及各种各样的可爱造型一一呈现在摄影图片中，衬托出珠宝的趣味性与时尚感!

与泥塑结合的各种趣味性时尚珠宝首饰

意境，是指一种能使人领悟、感受、回味无穷而又难以言喻的境界，它是形与神的结合，虚与实的协调，看似意料之外，实则百态之中。伦敦的哈罗德百货公司就拍摄了这样一组充满意境的写意花鸟画风格

与布艺绘画结合的珠宝首饰

高级珠宝大片，片中香奈儿、戴比尔斯、伯爵等众多品牌珠宝在各式花鸟的映衬下，熠熠生辉，珠宝也因为花鸟画的意境显得文艺气息十足。

日本摄影师在这组为各大珠宝品牌拍摄的珠宝大片之中，巧妙地将珠宝融入到日常活动当中，展现了人们日常生活中珠宝的作用，当我们读书、吃饭、浇花时，珠宝总是能时刻陪伴在我们身旁。

与生活场景结合的各种珠宝首饰

不只是女人对珠宝有着天生的热忱，自然中的万物生灵对于璀璨美艳的珠宝都无法抗拒。珠宝随着时光的流逝依旧散发出历久弥新的魅力，佩戴它，就是拥有了高调的奢华，经过摄影师的个性化设计，珠宝被赋予了时尚的格调，在每个精致女子的心间熠熠生辉。

建立不世功勋后，你携一身伤痛疲惫归来，伤痕记录过往，勋章铭刻荣耀。

骑士的荣耀
——金羊毛勋章

文 / 图：贾依曼

什么是勋章？勋章是授予有功之人的荣誉证章或者标志，是荣誉和实力的象征。作为一名战士，勋章不仅是一种荣耀，更是一种用来激励自己的动力，还是一种展现自身强大的鞭策力。

金羊毛勋章（红宝石和钻石）

欧洲的勋章有许多种，在这里笔者想为大家介绍一个有名的勋章——欧洲金羊毛骑士勋章。

勋章标志制度源于古代欧洲，它的出现是为了分辨战场上作战双方的骑士。每一个贵族都会设计一个独特的图案作为家族的代表标志，并将这种标志制作在他们的盾牌、旗帜或者战袍上，使他人可以通过不同的标志予以辨别。

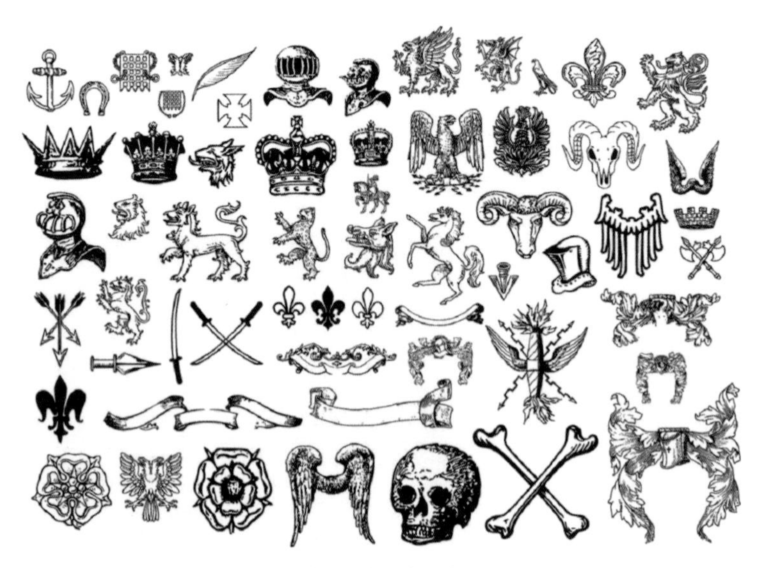

欧洲复古元素图案

金羊毛骑士勋章是勃艮第公爵菲利普三世在 1430 年仿照英格兰嘉德骑士团为典范创立的金羊毛骑士勋位而制作的。与其他骑士勋章相类似，能获得金羊毛骑士勋章的人数也是有限制的，最开始为 24 人，1433 年增为 30 人，1516 年后增为 50 人，而且成为金羊毛骑士就意味着接受勃艮第大公的领主权，在此之后不得加入其他类似骑士团。由于菲利普三世规定金羊毛骑士团领主必须在征询金羊毛骑士之后才能决定是否与他国作战，因此金羊毛骑士勋章很快就成为欧洲各种骑士勋章中地位最为尊贵者。

奥地利金羊毛勋章大项链

下面让我们一起来欣赏一下部分欧洲国家的那些既威严又华丽的金羊毛勋章吧！

【奥地利】

金羊毛勋章项链是由黄金绵羊垂饰和镶嵌燧石的黄金链组成，在项链的镂空部位呈现出代表着勃艮第“B”的造型。项链的正面刻有骑士团的格言：

"Pretium Laborum Non Vile"（辛劳必得回报），背面刻有菲利普三世的格言："Non Aliud"（不从他人）。

这是奥地利收藏的金羊毛勋章的另一个版本，这个勋章如同铠甲的护颈一样，造型非常精美，在项圈上面的方形结构中装饰着帝国各个领地的标志。

西班牙阿尔伯特王子的勋章

西班牙小公主的勋章

【西班牙】

西班牙阿尔伯特王子的勋章采用了钻石、红宝石、蓝宝石、祖母绿等多种宝石，运用满镶的方式，使整个勋章的造型更加独特，颜色鲜艳、工艺精美。

2015 年 10 月 31 日，西班牙王位第一顺位继承人莱昂诺尔公主迎来了十岁生日。在这场生日宴会上，小公主得到了一件特殊的生日礼物。是什么呢？它就是金羊毛骑士勋章！

葡萄牙金羊毛勋章

这枚勋章到底是什么来历呢？它来自于 15 世纪初欧洲最古老的骑士团之一的金羊毛骑士团。当今世上，拥有金羊毛骑士团勋章的女性只有三位：英国女王、荷兰女王和丹麦女王。也就是说，十岁的莱昂诺尔公主将成为金羊毛骑士团的第四位女性成员。这枚勋章代表的不仅仅是生日礼物，更是王位继承人的身份的象征。

【葡萄牙】

葡萄牙金羊毛勋章是 1790 年皇室珠宝商大卫·波乐特为葡萄牙国王若昂四世所制，曾为历代国王所佩戴。勋章整体长27厘米，中间圆形部分镶有一颗重31.50克拉的矩形钻石，勋章中间部分是由红宝石镶嵌而成的火焰造型，造型中间为一颗48克拉的蓝宝石，整体精致且富有特色。

路易十四的金羊毛勋章

金羊毛勋章

法国金羊毛勋章

【法国】

法国的金羊毛勋章与其他的金羊毛勋章不太一样，它将勋章最底端原本的一只羊设计成了三只羊。勋章整体呈三层分布，最上层为一只鹰的造型。从帝国之鹰这点可以看出这枚勋章应该是在拿破仑称帝之后制成的勋章。

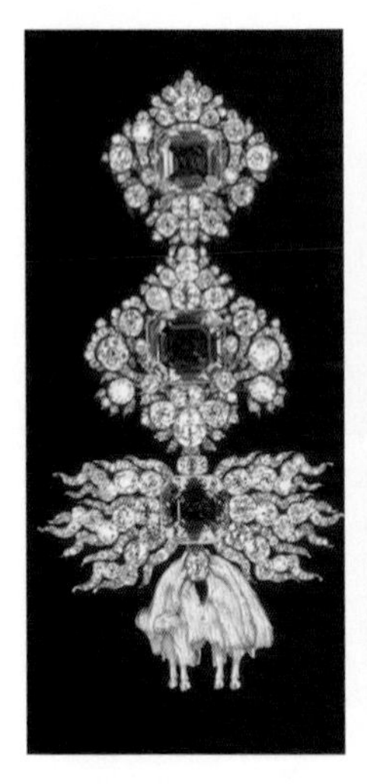

维也纳金羊毛勋章

金羊毛勋章

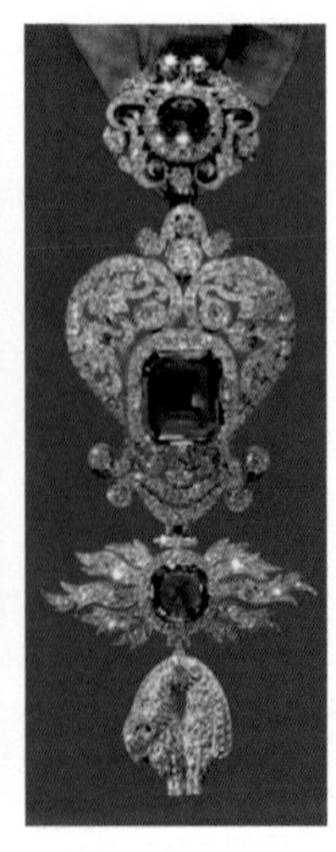

维也纳金羊毛勋章

“骑士”一词本身就是一种骄傲，我们能够在这些精美华丽的欧洲皇室的金羊毛骑士勋章中读出一种自豪感——骑士团光亮闪耀的徽章在阳光下坚定地告诉着他的佩戴者：你就是荣耀!

精致高雅的纱裙，梦幻瑰丽的氛围，踮起脚尖之时是梦想的华丽绽放，起舞吧，姑娘。

珠宝界的掌上芭蕾
——梵克雅宝芭蕾系列

文 / 图：张格

珠宝与芭蕾总给人以相似的情感体验：完美、精致以及令人兴奋的目眩神迷。芭蕾体现了梵克雅宝的精神——青春、舞动、自信，当第一件“芭蕾舞者”珠宝在巴黎问世时，这些标签就一直跟随着梵克雅宝的珠宝作品。当芭蕾和珠宝结合，会碰撞出怎样的火花呢？就让笔者带您观赏这场芭蕾盛宴吧！

芭蕾舞伶胸针

1961 年，克劳德 · 雅宝 (Claude Arpels) 结识了著名编舞家乔治 · 巴兰钦 (George Balanchine)。克劳德在乔治的启发下创造出了永恒经典的“芭蕾舞伶”系列珠宝，实现了优雅设计与至臻工艺的华丽结合。

这对在中国首发的芭蕾舞伶胸针，每一

颗宝石均由梵克雅宝的宝石师精心挑选，每一件珠宝都被赋予了柔和流转的璀璨光华。“芭蕾舞伶”身着钻石及彩色宝石编织成的璀璨舞裙，展现舞者灵动优雅的体态，动作流畅、舞姿轻盈，作品完美展现出舞者举手投足间曼妙的舞姿及细腻的神韵。

“巴黎的一天”系列
Ballerina·M·lisandre 胸针

Ballet Prcieux 芭蕾高级珠宝系列的出现是为了庆祝芭蕾珠宝系列诞生 40 周年而特殊设计的，芭蕾舞伶珠宝由白色 K 金制作，玫瑰式切割钻石妆点她的脸庞，璀璨舞衣则由隐密式镶嵌的祖母绿制作而成。

Ballet Prcieux 系列
Hlose 胸针

Ballerina Dancer 系列项链和腕表

Ballerina Dancer 珠宝套装及腕表是为 2011 年梵克雅宝香港旗舰店开幕而特别设计的。项链充满了芭蕾舞者的魅力，是对梵克雅宝最杰出成就“隐密式镶嵌技术”的极致展现。

Ballerina 胸针

这枚胸针造型源自著名的芭蕾舞蹈家 Maria Camargo，梨形钻石的面部用红宝石丝带围绕，优雅的钻石舞衣嵌上鲜艳的红宝石及祖母绿，珠宝璀璨闪烁，动态妖娆，每处肢体都流露出舞蹈艺术的美。

舞蹈是强调和谐和优雅的艺术，其诗意魅力是经年锤炼的成果，每个动作都是反复练习的明证，这触发了梵克雅宝无穷灵感。

芭蕾舞者系列珠宝颂扬舞者曼妙的舞姿，透过柔和曲线和璀璨宝光，重塑舞者于舞台上轻灵挥洒的耀眼光芒。

每个女孩小时候总有一个向往跳舞的梦，看到那身穿纯白舞裙，在舞台上踮起脚尖不断旋转的芭蕾舞者，仿佛看到了天使，那是小时候美好的纯真梦想。在观赏过这场梵克雅宝创造出的芭蕾珠宝盛宴后，是否也为您完成了那个纯洁的芭蕾美梦呢?

Ballet Precieux 系列

Ballet Precieux 系列

Meninas 胸针

轻倚窗棂的婀娜身姿是冬日里最曼妙的剪影，似工笔勾画的润滑细腻，恰珐琅釉彩般明媚鲜活。

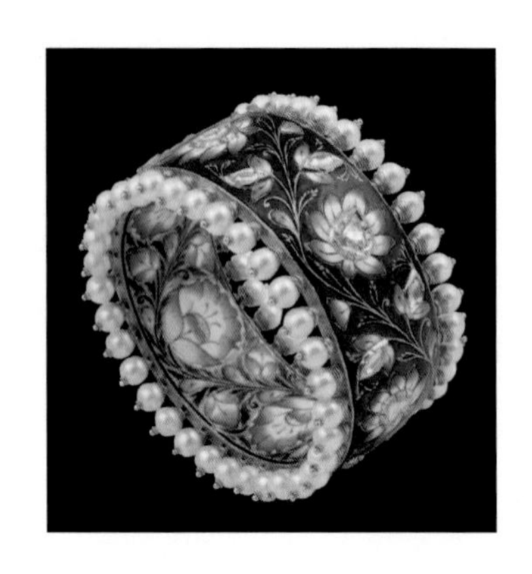

珐琅首饰
——遗落人间的彩虹

文 / 图：李珊珊

香奈儿 Mademoise Prive 珐琅珠宝表

“紫铜铸胎镶嵌的金丝婉转

婀娜的曲线如你端庄姿色

青鸟轩窗眉心上透露心事

工笔勾画浓淡皆相宜……”

世间的珠宝首饰千姿百态，有这样一朵奇葩，它在中国像是沧海桑田里的一枚小石子，微小却又不容忽视。珠宝首饰除了运用常见的贵金属外，还有一种不可或缺的特殊材料，它有着彩虹一般的色彩，常运用于高档珠宝装饰之中，它最初的呈现形式是陶瓷，被认为是奢华的象征，甚至在早期，作为皇家威严的代名词，行至当今，已经浸染到了奢侈品的每一个角落——它就是珐琅！

珐琅，英文名叫“enamel”，在中国南方俗称“烧青”，在北方俗称“烧蓝”，在日本叫作“七宝烧”。珐琅工艺是先用石英、长石、硝石和碳酸钠等加上铅、锑、锡等的氧化物加热制成釉料，经研磨细碎后调成釉浆，涂在铜质或银质的器物上，再经过烧制，便可形成不同颜色的釉质表面，因其拥有独特的釉质，从而能够防止器物生锈并长久保持其美丽的外观，所以深受人们的喜爱。

古董首饰珐琅彩蝴蝶

珐琅主要分画珐琅、内填珐琅和掐丝珐琅三种。广东以画珐琅为主，北京以掐丝珐琅为主，南北两方虽然各有不同，但都是中华民族传统工艺中不可或缺的瑰宝！

18K 金画珐琅钻石项链及戒指

画珐琅工艺是用金、银、铜等金属或陶瓷制成胎骨，将珐琅彩颜料绘制于胎骨表面，然后置入高温窑炉中，经800℃左右的高温炉火多次烧制而成，其工艺流程主要为：设计、制胎、点彩绘彩、入炉烧彩、打磨、抛光。

黄金内填珐琅彩胸花

内填珐琅的制作，是在金属的地子上，以压模法或剔刻法做出花纹，并在下凹处填以珐琅彩，风干后，在超过800℃的高温窑中烧制而成，且每一层釉料在高温窑中需烧制40~260秒。内填珐琅的工艺步骤主要为：绘制图案、填入珐琅、入窑烧制。这种珐琅彩以透明珐琅为主，在烧制完成后，不需要再加以打磨，一件内填珐琅作品便可完成。掐丝珐琅作品，一般是在金、铜胎上以金丝或铜丝掐出图案，填上各种颜色的珐琅之后经焙烧、磨光、镀金等多道工序制成。

铜胎掐丝珐琅梅瓶 明晚期

【法贝热彩蛋】

第一枚彩蛋——小母鸡彩蛋

谈及珐琅首饰，不得不提的是俄国著名珠宝首饰工匠彼得·卡尔·法贝热。法贝热最杰出的作品是他在1885年至1917年间为俄国沙皇制作的50枚独具魅力的类似蛋形的装饰品，法贝热也因此被沙皇封为“皇家御用珠宝师”。

法贝热彩蛋是由金属、珠宝玉石以及珐琅等材质制作而成， 诞生于1885年俄国皇室传统的复活节，复活节是东正教的重要节日，所以法贝热彩蛋又被称为“复活节彩蛋”。法贝热彩蛋逐渐成为奢侈品的代名词之一，是珠宝艺术中的经典之作。

【珐琅首饰赏析】

珐琅彩马型首饰

西洋珐琅镶珠宝怀表

珐琅自身的色泽艳丽多彩，触感光滑独特，经常应用于高级珠宝经典设计中，除了材质本身的特性之外，珠宝工匠巧夺天工的精细绘画也为这种精品珠宝首饰添色加彩。

珐琅首饰是国内外传统工艺中的一颗闪烁的明星，虽然在历史的长河里出现较晚，但是这并不妨碍它的传承。从古至今，珐琅历经千千万万工匠艺人的细致描绘和打磨，在艺术世界里扮演着不可或缺的角色，并且影响到了当代的首饰制作。它不仅将绘画完美地呈现在珠宝首饰里，还将彩虹般缤纷的色彩“穿戴”于身，使珐琅的美发挥得淋漓尽致，是一种活泼雅致、绚丽多彩的装饰。

TREASURE HUNT
寻宝之旅

一路踏荆棘，斩魑魅，赢来龙之胜地，这里山脉绵延，天地钟灵。

龙之胜地，自然瑰宝
——龙胜玉矿区篇

文 / 图：贾依曼

相传有一块风水宝地，山脉绵延数千里，其中一条山脉像一条龙，另一条山脉像一只凤。这两条山脉采天地之灵气，吸日月之精华，年长月久，逐步演化成具有生命的“龙”和“凤”。龙和凤为了能在这里盘踞下来，进行了数轮殊死争斗，最后龙战胜了凤，这里成了龙的领地，所以人们就将这块宝地称为“龙胜”。这就是如今的广西省桂林市龙胜县的传说。

近年来，听说在桂林市龙胜县三门镇一个叫鸡爪村的地方，人们发现了艳如鸡血的玉石，引发了我们研究它的兴趣，带着这份好奇，我们开启了一场奇妙的玉石探索之旅。

2016年3月14日，中国地质大学（北京）珠宝学院何雪梅老师和华彩玉品（北京）文化传播有限公司焦国梁老师以及珠宝学院贾依曼、鲁智云两名在读硕士研究生，师生一行四人来到广西省桂林市。

次日，在状元红艺术馆周祖为总经理、三门镇鸡血玉玉石协会蒙世亮副会长以及龙胜各族自治县人力资源和社会保障局蒋承德副局长的带领下前往玉石矿区进行考察。

龙胜地区玉石最初被发现于鸡爪村，因其色泽鲜艳如血，当地人遂命名为“鸡血玉”。但是在之后的时间里，龙胜又相继有大量其他颜色的玉石产出，颜色多种多样，如果用“鸡血玉”来命名所有颜色的玉石，容易引起歧义，因此我们认为将龙胜地区产出的玉石命名为“龙胜玉”较为妥帖。

龙胜玉的产出矿点较多，此行我们重点选择了几个较为典型的产出矿点进行考察。

平野矿硐入口

正在运输矿料的小车

【第一站：平野矿区】

我们到达了平野矿硐后，进行了位置测量，该开采坑道海拔为409米，经纬度为25.750583° N、109.920524° E。平野矿区的龙胜玉矿脉大致宽1米，长60米，两侧为滑石，其中带有紫色调的石英岩为滑石的伴生矿。平野矿区的龙胜玉与滑石为共生关系。我们在该矿区收集了一些相关样品。

平野矿区产出的龙胜玉颜色较艳丽，其中会有一些玉化程度较高的透明石英岩，有的会带有一些紫色调和绿色调。

平野矿区原石

平野矿区原石摆件

【第二站：老虎岩矿点】

在考察完平野矿区之后，我们继续出发前往下一站。车行半小时后，路边出现了一座高耸的山石，名曰“老虎岩”。

老虎岩矿点标高为 531 米，整个裸露的岩体都是石英岩质的，局部存在玉化现象。据蒙会长介绍，以前老虎岩曾出产过颜色丰富的原石，有红色、黄色、灰色、黑色等，但是我们此时所处的位置并没有开采的痕迹。为了节约时间，我们快速地采集了一些样品，便前往下一个目的地。

“老虎岩”前合影

老虎岩原石摆件

【第三站：龙家湾矿区】

第三站是龙家湾矿区，其间通行的道路异常崎岖，路面凹凸不平，有时坡度可达 45° 。接近矿区时，越野车已无法前行，我们不得不徒步前往矿区开采面。

这里的矿料多为黑、红两色，也有紫色、白色、绿色、褐黄色，有时多种颜色可聚

对龙家湾矿区的岩体走向进行测量

龙家湾矿区采样

龙家湾矿区龙胜玉原石

龙家湾矿区龙胜玉原石

集在一块原石上。我们采集了各种颜色的样品，并对该矿区的位置进行了测量——海拔为 486 米，经纬度为 25.729137° N、109.887469° E。

【第四站：上朗矿区】

翌日，我们继续出发，前往第四站——上朗矿区进行实地考察。到达上朗矿区，首先映入眼帘的是一个巨大的滑石开采场场面。由于龙胜玉与滑石伴生，龙胜玉往往夹杂在滑石矿石中。

滑石开采场

上朗矿区所在地为鸡爪村，最初龙胜玉就是从这里被发现的。该矿区岩体位置标高为 790 米，经纬度为 25.633448° N、109.850423° E，玉石呈脉状分布。上朗矿区矿产量比较大，据说仅 2015 年就产出数百吨矿石。上朗矿区龙胜玉颜色最为丰富，绿、紫、红、白、黑、黄等各种颜色均有产出，尤其是绿色者居多，而且质地较其他矿区较为通透、细腻。

上朗矿区龙胜玉原石

上朗矿区龙胜玉原石中的黄铁矿

值得一提的是，我们还采集到了带有黄铁矿的龙胜玉样品。

【第五站：沙岭口矿区】

沙岭口矿区出产的原石被称为“口子料”，多为黑地红色，颜色和质地都属上乘，且储量丰富，多为大料。在我们周围堆放着大量开采出的原石，因被尘土覆盖并不显眼，但经水泼洒后其鲜艳的颜色立刻显现在我们的眼前。

沙岭口矿区

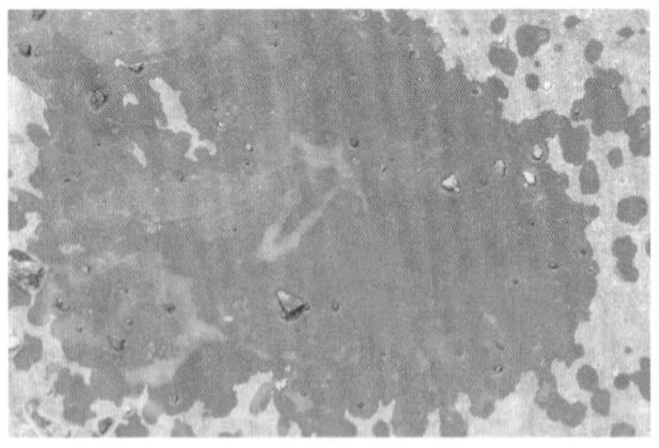

沙岭口矿区龙胜玉原石（洒水后效果）

【第六站：大地矿区】

从沙岭口矿区开采面的位置往下看，不远处就是大地矿区。被誉为“鸡血王”的龙胜玉就是在大地矿区被发现的。

大地矿区

离开沙岭口矿区后，我们驱车来到了可

以观测到大地矿区的路段。大地矿区位于图片中我们对面较远处的位置，裸露的岩体隐约显现在半山腰处。

除了我们去的这几个矿区外，龙胜玉的矿区还有很多。遗憾的是，其中较有特色的田湾、龙家塘这两个矿区因时间关系，我们此次未能前去考察。

【考察花絮】

来到了龙胜，怎能不去感受一下龙胜的美丽风光呢！在我们已经圆满地完成了样品的采集工作之后，热情的蒙会长带我们来到了闻名遐迩的龙脊梯田。

美丽的龙脊梯田

美丽的梯田如一幅幅巨大的抽象画，它雄伟、壮阔，带给人一种难以言表的震撼。在欣赏龙脊梯田这壮阔的景色之余我们还穿上了当地少数民族的服饰，感受了当地的民俗风情，乐趣无穷。

感受当地的风土人情

“九山半水半分田”的龙胜，葱郁的山峰蕴藏着巨大的宝藏，展现着迷人的魅力。此次的矿山之旅，我们收获颇丰，不仅采集到了龙胜玉样品，而且还领略了龙胜这块宝地的风土人情。

在这里，龙胜玉不仅神秘而又充满魅力，它毫不吝啬地向我们展现了它的美丽。下面让我们走进龙胜玉市场，去感受龙胜玉的独特魅力吧！

去“山水甲天下”的桂林探索美景，去珍宝无数的龙胜玉市场探求宝石的奥秘。

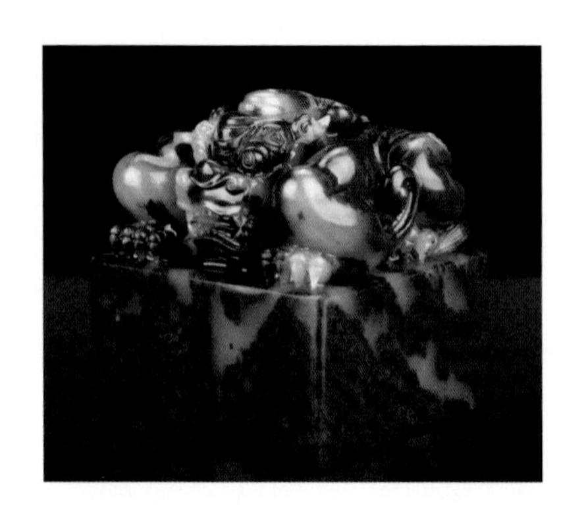

千帆竞发，百舸争流
——龙胜玉市场篇

文 / 图：鲁智云

“水作青罗带，山如碧玉簪”，自古以“山水甲天下”著称的广西桂林，近年来，产出了一种引人热议的玉石，其色彩红若鸡血、绿如青草，形态各异、变化万千，引起了行业内人士的广泛关注。2016 年 3 月，何雪梅老师带领我们在考察龙胜玉的主要矿区后，又对桂林龙胜玉的加工工厂及销售市场进行了考察，详细了解了龙胜玉的发展现状。

市场考察

【龙胜玉的加工现状】

俗话说：“玉不琢不成器”，龙胜玉原石经过切割、打磨、雕刻后便成为了消费者所喜爱的案头摆件或佩戴饰品。龙胜玉作为近年来被发现的新兴玉种，当地对它的加工制作还处于初级阶段，加工企业常见两种形式：一是散布在村镇街道两旁的当地小作坊，加工设备较为简陋，通常加工一些简单造型的摆件与饰品；二是由外来玉雕工匠组建的小型玉雕工作室，多聚集在市区繁华的玉器城或玉器集散地，其加工、雕刻制作的龙胜玉产品较为精致。

街边玉作坊开料现场

【龙胜玉交易市场】

我们重点考察了当地“艺江南中国红玉交易中心”以及“德天玉器城”两个大型龙胜玉交易市场，并对桂林古玩城进行了走访。

“艺江南中国红玉交易中心”临近风景秀丽的龙胜龙脊梯田，是近两年逐渐发展起来的大型龙胜玉零售中心。

参观玉雕工作室

“德天玉器城”原本为综合百货商场，近年来，随着龙胜玉的兴起而逐渐发展成为管理规范的龙胜玉专业销售市场，吸引了全国各地的投资人、玉石商、玉雕师。值得一提的是，作为当地玉石企业的倡导与组织者的广西珠宝协会桂林分会及桂林鸡血玉行业商会也驻守于此。

艺江南中国红玉交易中心一隅

德天玉器城

在“玉华天宝”桂林红玉馆，我们见到了在这次龙胜玉市场考察过程中最大的龙胜玉，它长约4米，高约1米，气势恢宏，大气磅礴。除此之外，图案精美的龙胜玉“马头”摆件同样使我们惊叹不已。

巨型黑底红龙胜玉（鸡血玉）

【龙胜玉饰品类型】

目前，龙胜玉在市场中常见小型挂件、章料、摆件、雕件、手镯、手串以及少量银质镶嵌的首饰等。

龙胜玉的颜色非常丰富，可见红色、黑色、绿色、黄色、白色、紫色等，常见黑底红、白底青、白底红以及多种颜色组合出现在一块玉石上的品种。其中红色、黑底红或白底红品种中红色分布往往漂浮灵动，是龙胜玉区别于其他种类石英质玉石的特点之一，所以当地人将此品种称为“桂林鸡血玉”或“桂林鸡血红碧玉”。

市场上常见的龙胜玉饰品类型

除颜色丰富多彩外，龙胜玉常常具备形态万千的精美图案，如龙纹、人形纹、鸟兽纹、山水纹、海浪纹、风光纹等具象或意象图纹。对于这些图案精美的原石，只需进行简单的切割抛光，或稍加修饰便可作为观赏石。

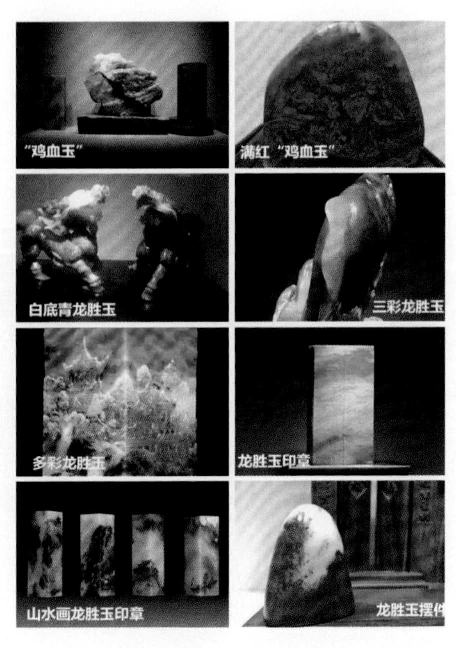

市场上常见的龙胜玉品种

【“观石堂”博物馆参观】

在本次考察活动的最后一天，我们参观了原中共桂林市地委书记唐正安先生创建的“观石堂”博物馆。自建馆以来，“观石堂”博物馆在龙胜玉的宣传推广、发扬中国玉文化方面都做出了突出的贡献。

通过本次考察，我们认为目前的龙胜玉市场仍处于过渡阶段，市场上以章料、摆件为主，其价值的高低往往取决于原料的优劣，后期的加工及设计较为欠缺。但令我们欣慰的是，在当地政府的大力支持下，勤劳的桂林人民开始走上了对龙胜玉的探索之路。我们相信在不久的将来，人们对龙胜玉的了解会更加全面，市场会更加完善。

“观石堂”博物馆前合影

百转千回，得一宝地，山转流萤之间窥得南红若干，色泽红润，质地温润，上乘之选。

“红”运当头
——保山南红玛瑙

文 / 图：胡哲

徐霞客游记路线

“上多危崖，藤树倒罨，凿崖迸石，则玛瑙嵌其中焉。其色月白有红，皆不甚大，仅如拳，此其蔓也。随之深入，间得结瓜之处，大如升，圆如球，中悬为宕，而不粘于石，宕中有水养之，其晶莹紧致，异于常蔓，此玛瑙之上品，不可猝遇，其常积而市于人者，皆凿蔓所得也”——《徐霞客游记》里记载了这位大探险家途径云南保山地区时所见南红玛瑙的妙境。

南红古称“赤玉”，佛教七宝之一。保山南红，即是老南红玛瑙的原产地，历史悠久，产量稀少，甚为名贵，是古代皇室贵族的专享之物。自古以来，红色就被中国人赋予了美好的意义，红色被视为富贵、吉祥和喜庆的象征，而南红玛瑙夺目耀眼又不失沉稳大气的颜色，恰好迎合了中国人的审美。

南红玛瑙凤首杯 清代

“内奢于心，外奢于物”——南红玛瑙那饱含中国韵味的色彩，不求绚烂夺目，却总能让人魂牵梦萦。怀着对南红玛瑙喜爱、渴望与好奇的心情，我们一行8人在何雪梅老师的带领下，于2016年4月29日开启了保山南红玛瑙考察实践之旅。

【沙坝早市点亮第一站】

黎明破晓的天空，阳光伴随着清风，花也芬芳，草也馨柔，让你从一袭沉睡的梦里醒来，似乎给今天的探宝行程增添了诗情画意。一早我们便在国土资源局赵局长与地勘院邓工的陪同下，来到沙坝玛瑙早市。

沙坝南红玛瑙市场全景

何老师为大家讲解南红玛瑙成色

南红玛瑙原料、戒面、珠串

市场虽小却包罗万象，放眼望去，原石、珠串、戒面、手镯、雕件……触目所见，无不是琳琅美玉，让大家一饱眼福！

【矿山采样】

天公作美，蓝天白云，温暖如春。早市过后，我们一行人带着求知的渴望，一路翻山越岭来到了人迹罕至的大山深处，探索藏在深山峡谷中的红精灵——保山南红玛瑙。保山四面环山，南红玛瑙矿带分布不集中，开采难度较大，大大小小的坑口加起来有一千多个，被称为“鸡窝矿”。保山南红玛瑙集中产出于杨柳乡（西山）、东山、水寨山（乡）三大产区，每个产区又分布着多个矿点。

远望罗寨矿点（已封矿）

罗寨矿点

罗寨村位于保山东面，地处隆阳区板桥镇东北边。罗寨出产颜色很好的柿子红、柿子黄等南红玛瑙品种。目前罗寨矿点已经封矿，我们只能站在对面的山头遥望，山体中依稀可见当年石农采挖的痕迹。

坝口矿点

大家在悬崖边上小心翼翼地走着

午饭后，我们驱车赶往坝口矿区。山路崎岖，车只能停在半山腰，我们一行人便在水渠边只有 40 多厘米宽的小路上步行，路的另一边就是悬崖，这样的路程大约两公里。

小路的尽头豁然开朗，只见千疮百孔的山体和满山的碎石，山体中随处可见埋雷管炸药的孔洞，在此地能够清晰地看到南红玛瑙在岩石中的赋存状态，此处的围岩便是玄武岩。

坝口矿点存在着气孔充填型和裂隙充填型两种玛瑙，以裂隙充填型玛瑙为主，颜色多为水红色。

玄武岩中的玛瑙

滴水洞、大黑洞矿点

离开坝口，我们来到著名的、位于杨柳乡大海坝的滴水洞与大黑洞矿点。据说这里产出最优质的保山南红玛瑙，它们同属于一个山脉，相距仅几百米，在保山，每一个藏家或商人在说起自己所拥有的滴水洞、大黑洞料子时，都满怀自豪感。

大海坝水库

大海坝水库基底下，一条陡峭深邃的峡谷堆满废石弃土，山腰随处可见千疮百孔的矿洞，大坝下有一个已经用混凝土封堵的矿口便是滴水洞。

已封矿的滴水洞

滴水洞出产的南红玛瑙品质最优，种类繁多，有水红、柿子红、柿子黄、冰飘、红白料等，呈现红、糯、细、润、匀的玉感，具有自然温润，天然灵动的美质，人称滴水玛瑙。据说，所谓的“老南红”也产于此，是皇室制作朝珠、王公贵族饰品的首选之物。

距离滴水洞几百米处的山脊上便是另一个矿点——大黑洞。

目前大黑洞已经封矿，大家只能在大黑洞附近采集些残留的标本。

大黑洞矿口下采集标本

滴水洞南红玛瑙原料

【参观企业、保山市场】

第二天一早，天空下着蒙蒙细雨，保山南红行业协会的诸多领导便赶来带领我们考察整个保山地区的主要市场和企业。

保山市场

保山南红玛瑙市场

保山的南红玛瑙市场主要分布在沙坝、农民街、兰花村、花鸟市场以及隆阳区的专业店铺，与四川凉山玛瑙城相比规模要小很多。

优质的保山南红玛瑙产量极低，我们发现在利益的驱使下诸多问题开始显现，市场上以次充好、人工烧色、染色、注胶的玛瑙以及用其他产地或其他材质冒充保山南红玛瑙的事件屡见不鲜，消费者需要谨慎。

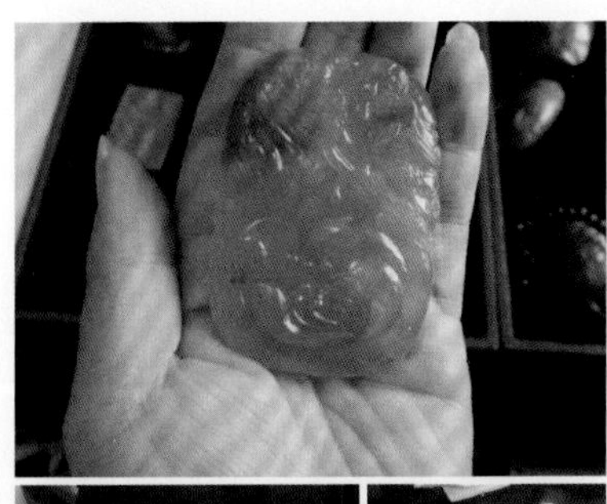

市场上的南红玛瑙产品

参观企业——云南振戎润德公司

说起保山南红玛瑙，不得不提到“振戎润德”。云南振戎润德公司成立于2010年，主要经营珠宝业务，集宝石、黄金、翡翠的原石与毛料进口、创意设计、加工制作、博物馆展示、精品会所、拍卖销售以及珠宝文化研究和产业交流为一体。如今，又在大力开发保山南红玛瑙产业。

参观振戎润德厂区

保山——驰名中外的“南方丝绸之路”的重要驿站，蕴藏着丰富的南红玛瑙矿藏。南红玛瑙寓意着吉祥、喜庆、富贵、好运，被誉为“鸿运之石”，我们喜爱它红润纯正、沉稳大气的色泽，喜爱它体如凝脂、质厚温润的触感，喜爱它的神秘与灵动……

参观振戎润德公盘交易中心

自茶马古道来的勇敢，自滇边侨乡来的和睦，自温泉水流来的灵韵，汇聚而成为腾冲。

“极边第一城”腾冲
——缅甸翡翠、琥珀

文 / 图：胡哲

在云南寻宝之旅第一站中，我们领略了“南方丝绸之路”重要驿站——保山的秀丽风光与丰富的南红玛瑙宝藏。接下来，我们将带领大家进入考察的第二站——腾冲。

被称为“极边第一城”的腾冲是著名的侨乡，文献之邦，这里有见证历史的驿站、战争遗址，有古色古香的滇边侨乡和顺，还有中国最密集的火山群和地热温泉，是“南方丝绸之路”上的历史文化名城。

茶马古道

腾冲作为历史上的茶马古道重镇，还是缅甸翡翠、琥珀的集散地。这座名城历经沧桑。边陲古道的马铃声，记录着中、缅、印的商贸历史，而腾冲的马帮，驮出了腾冲的繁荣和兴盛。

【茶马古道上的翡翠】

走进腾冲，我们便想起了有关翡翠的传说。相传翡翠的发现是一位腾冲的马帮驮夫在一次沿西南丝绸之路从缅甸返回腾冲的途中，因马驮货物一侧较沉，于是在雾露河边捡了一石头平衡马身，回家后发现这块石头颜色泛绿，经打磨后显现出翠绿的色泽，十分好看，深受人们的喜爱，这种美丽的石头便是翡翠，此事得以广泛传播后，更多的云南人去寻找这种石头，然后加工成饰品出售。如此一来，腾冲便成为了最早的翡翠加工集散地与贸易重镇。

参观校企合作翡翠实训基地

翡翠加工经营始终是腾冲城乡经济的重要组成部分。在几百年的玉雕历史中，不乏大家之作和稀世珍品。腾冲翡翠加工基地也因其规模和校企合作的独特优势成为西南地区最大的翡翠加工基地之一。我们有幸参观了腾冲县第一翡翠实训基地职业高级中学与腾冲万福珠宝有限公司在热海路校区合作共建的珠宝玉石加工与营销实训基地。

2013 年该基地正式运营，学校提供面积达 1 万平方米的场地，公司总投资 1.5 亿元，加工材料与设备由企业提供。学生每天到基地上课，企业指派师傅教学，学校教师跟

基地负责人讲解翡翠从开采到成品的过程

翡翠各场口原石

班管理，专门设有学生作品销售柜台，实现了“教室与车间合一、教师与师傅合一、学生与学徒合一、教程与工艺合一、作品与产品合一”的教学理念。

参观“翠之稼”展厅

参观“翠之稼”

在腾冲，“翠之稼”这个名字可谓家喻户晓，这是一座高品级的独体翡翠殿堂，四层楼总共数千平方米的展示空间内，遍布着高品质的翡翠艺术品。

“翠之稼”品牌创始于 1990 年，2010 年于腾冲建成滇西首个高端翡翠艺术馆，同年于北京饭店建立高端翡翠品牌窗口。“翠之稼”秉承“苍翠之稼，天地耕耘”的公司文化理念，专注高端翡翠二十余年，让“大户人家的压箱货”成为中国高端翡翠的代名词。

每一块翡翠都是有生命的，文化为翡翠注入了丰富的情感内涵，使之可以传承久远。

腾冲琥珀市场

【缅甸琥珀】

除了翡翠，缅甸琥珀是我们在腾冲考察的另一个重要的宝石品种。由于地域文化风俗等因素，缅甸人喜欢把货送到腾冲，直接卖给当地人，所以绝大多数缅甸琥珀的原料都是由腾冲的商家批发出去的，尤其是近些年腾冲到密支那道路的开通，使得琥珀、翡翠、珠宝批量进入，并达到了一定的市场规模。

缅甸琥珀矿床位于缅甸北部克钦邦的 Idi Hka 和 Nambyu Hku 两条河流间的胡康谷地的 Noije Bum 地区。缅甸琥珀种类繁多，有金珀、棕红珀、血珀、根珀、虫珀、植物珀、蜜蜡等，细分可达 20 余种，内部包裹体有白垩纪时期最丰富的古生物种类，硬度高于其他产地的琥珀。

金珀

金珀

金黄色透明的琥珀，透明度非常高，琥珀中的较常见的品种。

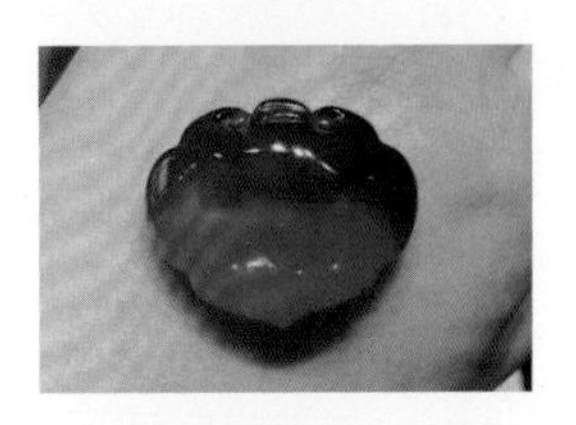
血珀

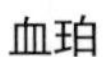

血珀

红色透明，又称红珀，色红如血者为琥珀中的上品。

棕红珀

因地下长期受热，由原来金黄色变化成棕色，被称为棕珀。一些受影响较少、变化较淡的琥珀颜色没那么深，称为金棕珀，而土壤中的矿物质或多或少的被一些琥珀吸收，琥珀也会开始变成棕红色、褐色、咖啡色。

棕红珀

根珀

最原始的根珀为白色，而根珀参入其他矿物质会形成不同颜色，如矿物质会让根珀演变成黑根、花根，而酸性物质会让根珀演变成黄根或根蜜。

虫珀

透明，包含有动物遗体的琥珀，具有完整动物包裹体的琥珀最为珍贵，如“琥珀藏蜂”“琥珀藏蚊”“琥珀藏蝇”“琥珀藏虫”等较为珍贵。

根珀

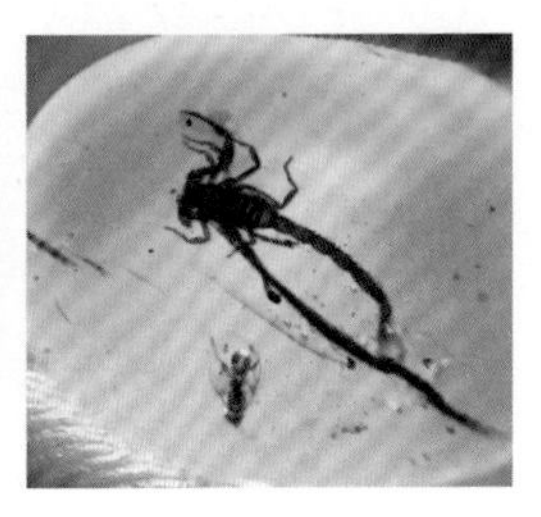
虫珀

植物珀

植物珀

透明，包含有植物的琥珀，具有完整植物包裹体的琥珀较为珍贵，如内部含有树叶、树根、树茎、孢子等植物包体的琥珀较为珍贵。

蜜蜡

通常指微透明至不透明状的琥珀。

蜜蜡

评价琥珀主要从颜色、块度、透明度、内含物四个方面来进行。接下来我们便随许会长、何老师一起走进腾冲琥珀市场。

考察腾冲琥珀市场

数控机雕琥珀

市场上的琥珀首饰品种多为珠串、挂件、手镯，少数为戒面和雕件。我们在考察中发现，机器雕刻已在一定程度上代替了手工雕刻，并且处于不断地扩大与发展之中。

腾冲的美，正是从这些具有深厚文化底蕴的民俗民风以及眼前这些精妙绝伦的翡翠、琥珀制品中散发出来的，此次的腾冲之行瞬间带走了我们这几天的疲惫，使我们对美丽的腾冲恋恋不舍……

在这里有龙川江与怒江的激流与果敢，茂密的树林飘出幽幽淡香和儒雅的黄龙玉一起书写国画神韵。

“盛世兴，美玉出”
——黄龙玉

文 / 图：胡哲

我们的寻宝之旅，每一站都有独特的风景。离开了古老而美丽的历史文化名城——腾冲，我们继续驱车前行，来到黄龙玉的故乡——云南龙陵。

龙陵县位于云南西部边陲，介于龙川江与怒江之间，森林覆盖率高，雨量充沛，素有“滇西雨屏”的美誉。风是清凉的，从幽深茂密的树林中轻拂过来，令人心情舒畅，清爽自在。

【黄龙玉的发现】

黄色代表着尊贵，黄色的玉石自然深受国人的喜爱。1996 年至 2004 年期间，龙陵县对苏帕河流域进行水电梯级综合开发，在施工中有人发现当地的黄蜡石有很高的观赏价值，遂采挖贩至广西、广东等地。

黄蜡石观赏石

2004 年 4 月，德宏一位珠宝商偶得龙陵黄蜡石，因其质地细腻、色泽金黄诱人，遂加工成手镯，凡见者，无不为其美艳所折服，从此翻开了黄龙玉发展的第一页。黄龙玉原料的价格从开始的每车数百元到每公斤上万元，短短几年，黄龙玉已被消费者公认为继和田玉和翡翠之后的优质玉种之一。

黄龙玉手镯

【矿山采样】

中国黄龙玉产区主要集中在云南西部的龙陵小黑山地区，距离缅甸翡翠产区非常近，同在亚欧板块和印度洋板块相互挤压而形成的地带。这里地形复杂、气候多样、雨水非常丰富，为优质玉石的形成提供了非常独特、无可复制的天然条件。

沿着崎岖的山路，我们在保山黄龙玉开发有限公司项总的带领下驱车在郁郁葱葱的小黑山深处穿行，龙陵黄山羊在溪水边穿行而过，恍如世外桃源。

经过一个多小时的山路，我们来到了接近山顶的黄龙玉矿区。山顶的空气格外清新，阳光更加强烈，照得大家睁不开眼，但最吸引我们的还是场区中堆满的大大小小的石头，不用多说，这就是黄龙玉的原石了，大家迫不及待地上前仔细观察一番。

由于产出地不同，形成的玉料也不尽相同，因此根据产出地将黄龙玉分为小黑山料、茄子山料、大坡料、茶家窝料、大河边料、二台坡料、椿头坪料、团坡料、迤沙寨料、镇安料、龙江料等。优质宝石级的黄龙玉主要产自龙陵县小黑山自然保护区及苏帕河流域。

场房矿石前合影

与大多数玉石一样，黄龙玉根据产状可分为：山料、草皮料、山流水、籽料等。

深坑料、原封石料为山料，若山料中含有石筋，则被称为山筋料。

山料受自然风化后因重力散落在矿脉周边的表层坡积物，呈块状，表面有风化磨蚀的痕迹，通常会在草丛中被发现的为草皮料。

矿脉受自然剥蚀后，受到河流的搬运作用，经运移后，离原生矿有一定距离，磨圆程度较差者为山流水。

山料经过河水的冲刷、搬运和侵蚀，远离原生矿脉，磨圆度好，表面光滑，有皮壳者为籽料，其中经热矿泉水长期浸泡致其皮壳呈黑色、灰黑色的籽料称为“乌鸦皮”籽料。

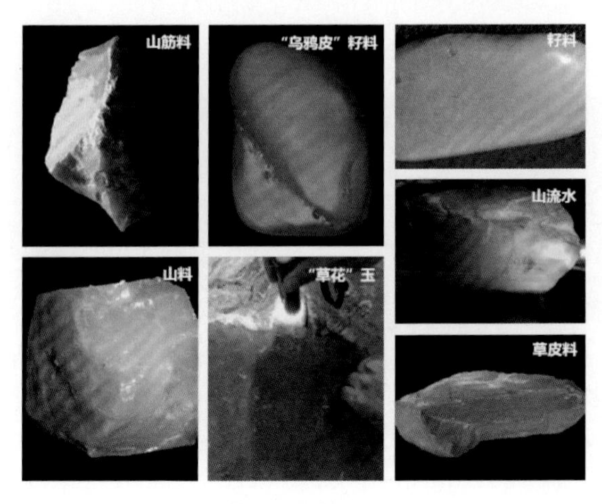

黄龙玉原料品种

值得一提的是，因黄龙玉矿脉周围的土壤中含有 Mn、Fe 等矿物质，在构造应力的作用下，Mn、Fe 等离子随着地下水渗入地下，并填塞在黄龙玉的绺裂中，久而久之便形成了类似水草的花纹，被称为“水草花”黄龙玉，简称“草花”玉。

为了让我们体验黄龙玉的

穿好装备，准备下矿

开采过程，项总亲自带我们下矿硐。来到目前正在开采的一个矿硐前，大家换上进矿硐的衣服，戴上安全帽，拿好矿灯，每个人称完体重后我们才进入矿硐。

矿硐巷道的支护是用钢筋混凝土浇筑的，在巷道口有探头并且在巷道内多处安装有毒有害气体检测仪，一旦有毒气体达到一定量便会报警。

我们沿着矿道一直走到开采作业面，发现黄龙玉矿脉是呈带状分布的，项总为我们详细介绍了不同颜色、不同品质黄龙玉的产出状态，同学们采集了不同品质的黄龙玉标本，学到了书本上学不到的知识，受益匪浅。

我们出矿硐时，按照公司规定，必须再次称量体重，并且开采出来的原矿石要在监控下进行清洗、称重、分级、编号、拍照、录入电脑、入库等程序，可见保山黄龙玉开发有限公司的管理十分到位，目前该公司是国内唯一集黄龙玉勘察、开采、加工、销售为一体的股份制公司，还建设有最大的黄龙玉公盘交易中心。

进矿硐探宝

矿硐前合影

参观公盘交易中心

【市场考察】

我们从矿山下来之后，便驱车前往黄龙玉公盘交易中心进行参观考察。

公盘交易中心摆放着各种各样的黄龙玉原石，多为山料，部分为草皮料与山流水，少部分为籽料。目前公盘交易中心玉石原料交易的主要来源是小黑山矿区，该矿区产出的黄龙玉品种多样，玉料水头足，颜色以黄色为主，兼红、白、灰等色，色彩丰富，色泽浓艳，对比强烈，是作俏色巧雕难得的玉料。

从公盘交易中心出来，我们又对当地的黄龙玉批发市场和专营店进行了考察。从整体来看，批发市场中的黄龙玉多以珠串、平安扣、小雕件为主，做工粗糙，价格较为便宜，从几元到几百元不等；黄龙玉专营店中既有玉牌、戒面，也有做工精美的小雕件与摆件，价位相对较高。

黄龙玉批发市场

黄龙玉凤牌

黄龙玉“草花”玉牌

黄龙玉身存一种特殊的气质，集高贵、儒雅、纯正于一身，带着浓厚的中国画神韵，是大自然赠与世人的艺术品。黄龙玉的问世为中国绚丽多彩的玉石世界再添浓重的一笔。

黄龙玉摆件

黄龙玉摆件

黄龙玉牌

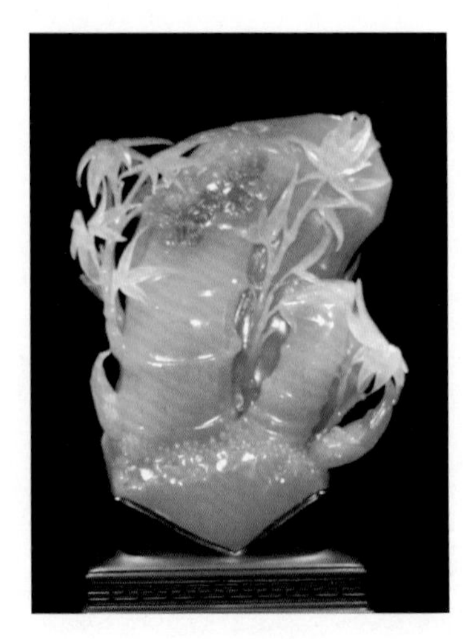

黄龙玉摆件

多情的边陲小城，来往着异乡的客人，他们诉乡情，讲真善，说宝石。

“玉出云南，玉从瑞丽”
——翡翠贸易

文 / 图：胡哲

西南边陲小城瑞丽，有着秀丽迷人的田园美景，神秘多彩的异域风光，多元的民族文化。瑞丽因毗邻缅甸，进出口贸易便利，具有独特的优势，当地的翡翠行业已经形成了一条较为完善的产业链，进口、运输、加工、销售等，素有“东方珠宝城”之称。缅甸的翡翠大部分销往中国，临近缅甸的瑞丽市，占据了地理位置的优势，是我国重要的缅甸翡翠交易集散地之一，在西南边境地区极具代表性。

姐告翡翠原石市场

【参观姐告翡翠市场】

位于瑞丽市南面 4 公里处的姐告，是 320 国道的终点，紧邻缅甸的木姐市，素有“天涯地角”之称，并且作为国家级的边贸口岸，汇聚着缅甸、巴基斯坦、印度、泰国等不同国家以及来自中国广东、河南、福建等省和本地的珠宝商人。

姐告市场规模庞大，宝玉石品种繁多，除了主角翡翠之外，红宝石、蓝宝石、树化玉、水沫子等多种缅甸盛产的宝玉石也在这里也大量交易。

姐告翡翠成品市场

姐告彩宝市场

我们赶到瑞丽的第二天早晨，在瑞丽玉雕大师董春玉的带领下，首先来到姐告的翡翠毛料、成品早市，这里人头攒动，不同肤色的人都有，在品种各异的摊位上，比的就是眼力和技巧。

考察姐告翡翠原石市场

我们看到眼前其貌不扬的毛料，很难将其与一件件玉石精品联系起来，只有经验丰富的玉雕师才能把一块看似平常的毛料雕琢成上等的作品，正所谓“玉不琢不成器”。

琳琅满目的翡翠成品

姐告市场上各式各样的翡翠令人眼花缭乱，翡翠价格从几十元到几百万元的都有，一连逛了多个翡翠珠宝交易区，看原石，挑成品，讨价还价，学以致用，收获颇丰，不亦乐乎。

翡翠市场淘宝

【参观博物馆】

瑞丽玉雕师协会的吴秘书长在午饭后带我们参观瑞丽珠宝翡翠博物馆。

瑞丽珠宝翡翠博物馆展区面积超过 2.5 万平方米，博物馆内现有馆藏展品 3000 余件，是目前国内规模最大的珠宝翡翠博物馆。

珠宝翡翠博物馆以玉文化传承为主线，以宝玉石的形成为开端，通过文字与实物相结合的展示方式，讲述宝玉石的资源、开采史，回顾宝玉石加工的传统工艺，再叙宝玉石鉴定的经验之法，突出“玉从瑞丽”的历史渊源，赞颂推动瑞丽珠宝产业发展的商贾和大师。馆内的珍贵翡翠、珠宝藏品精美绝伦，令人惊叹。

参观博物馆

【夜市赌石】

夕阳西下，余晖也渐渐从山的那边淡去，满街的霓虹灯开始亮起，各式各样的车辆穿梭在城里的每一个角落。晚饭后，我们来到德龙国际珠宝城夜市进行考察。

瑞丽的夜热闹但不喧嚣，珠宝城内的几条主道上，灯光闪烁，时明时暗，影影绰绰。远远望去，夜市中时隐时现的光亮犹如夜空中的点点星光，别有一番风韵。

翡翠夜市

商贩们通常将毛料依次摆开，点上一盏小灯，淘宝者一边拿着电筒仔细挑选毛料，一边讨价还价。

何老师告诉大家夜市是最拼眼力的地方，各种真皮，假皮，加上夜里光线的问题，没有好的眼力和经验，贸然出手不是明智的选择，“一刀穷，一刀富，一刀披麻布”及“神仙难断寸玉”都是对赌石这个行业的真实写照。

夜市淘宝

【珠宝街淘宝】

有了第一天的认知与经验，第二天我们来到著名的瑞丽珠宝街。这是一条集旅游观光、购物休闲为一体的步行街，一个以翡翠成品交易为主的综合性珠宝交易市场。据了解，珠宝街80%以上的经营户都不是瑞丽本地人，他们来自全国各地以及缅甸、孟加拉、泰国、印度等，所以有人称瑞丽是“地球村”。

步行街的珠宝以翡翠为主，走在这里，你会被珠光宝气所包围，到处是工艺精湛的挂件、摆件、手镯、戒面……仿佛自然界的精灵都集中在这翡翠之中，让人感叹天地的神奇，我们恨不得把每一家珠宝店都逛完，一天下来收获满满。

珠宝步行街

【与大师交流】

瑞丽不仅市场多，玉雕大师也多。为了深入了解翡翠雕刻艺术的真谛，我们在何老师与吴秘书长的带领下，走访了几位著名的玉雕大师，使我们能面对面地与大师交流玉石雕刻的灵感来源、雕刻艺术的文化内涵，并且欣赏到了大师们精美绝伦的作品。

与董春玉大师合影留念

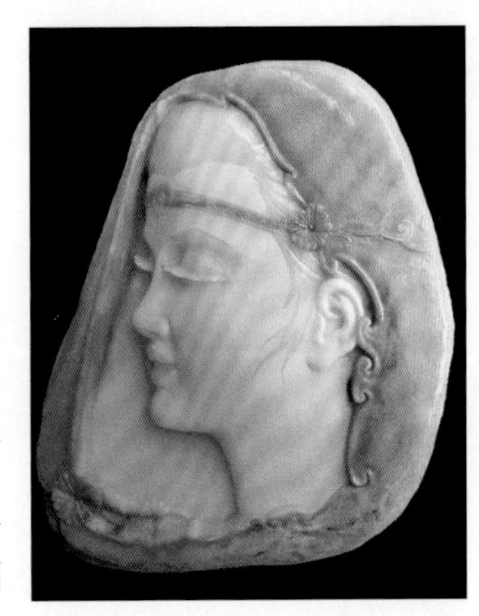
董春玉作品《清风》

董春玉，中国玉石雕刻大师，高级工艺师。董大师的雕刻题材以人物为主。他不仅对中国传统的仕女观音进行了系统的研究，同时对西方古罗马、古希腊、文艺复兴时期的艺术风格及作品进行了大量的研究工作并将其广泛运用到玉雕的过程中。因此，在玉雕创作时，董春玉大师左一刀“西方唯美”右一刀“东方古朴”将一块块名不见经传的石头雕琢成了一件件精美的玉雕作品。值得一提的是，董春玉大师在玉雕技法上吸收了水晶的磨砂技法和刻瓷艺术的手法，首创了翡翠摆件干磨砂技法，对一些有瑕疵的翡翠原料起到了变废为宝的作用，现在该技法已大量运用在玉雕摆件之中。

刘东，当代玉雕艺术家，集天工奖、百花奖、神工奖等众多奖项的金奖得主，从事玉雕行业近 30 年。刘东大师主张“不同时代有不同的回归”。从玉雕创作的角度来看，便是在正确解读传统文化、历史、技艺的基础之上，保留这个时代所特有的文化、技艺的特征与符号。刘东大师告诉我们：“关键是要捕捉到时下的审美趋向，文化主流是什么，然后再回过去看传统。如果玉雕师看不清当下需要什么，也看不清历史沉淀下来什么，主观上觉得可以就乱做鸳鸯谱，这样是不行的”。刘东大师的作品极具思想内涵与哲学深意。并且在创作的过程中常与“诗书画印”中的艺术精髓相结合，创作出了大量极具亮点的玉雕作品。

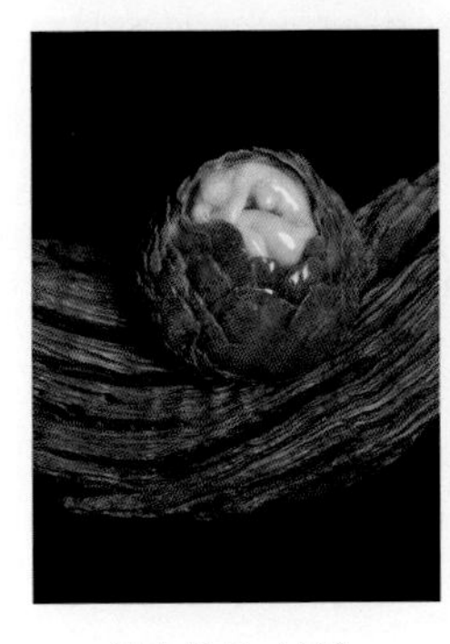
刘东作品《绽》

与刘东大师合影留念

王朝阳作品《祝福》

与王朝阳大师合影留念

在走访了以上两位著名的玉雕大师后，我们又拜访了当代著名翡翠雕刻大师，国家高级工艺师，云南十佳玉雕名师——王朝阳。不同的玉雕大师在雕刻创作中都有各自的美学尺度。王朝阳大师挣脱传统束缚，摒弃了传统的“富贵平安”、“多子多福”的雕刻思路，而是多以现代元素为根源，追求“象外之象”、“味外之旨”的新境界。王朝阳大师的作品涵盖了红色经典系列、民族系列、人与自然系列等多种不同风格。在中国玉雕历史中，王朝阳创造了一种里程碑式的新技法——水韵墨工。这种工艺主要运用浮雕技法，雕刻画面大量留白，把水的灵动、水的随形和水的智慧运用在玉雕创作中。将中国水墨画的理念和表现形式运用在翡翠雕刻上。以简约却不失精美的方式诠释着翡翠材料本身和中国传统文化的精妙之美。在历经了几十载玉雕创作后，王

何雪梅老师与王朝阳大师亲切交谈

王朝阳水韵墨工《观天下》

朝阳悟出了一个道理：一件好的玉雕作品，最重要的不是原材料是否贵重，而是创意是不是巧妙。每一块原料都有可取之处，就看雕琢的人，如何创意，如何加工。而这些作品的神韵来自雕刻者的人生积淀和生活阅历。

有形的载体，表达出无形的意蕴，才是玉雕艺术的最高境界。玉雕大师就是利用玉这种特殊的载体，通过雕刻、琢磨等工艺手法，不仅带给人们视觉上的美感，而且给予我们精神上的启迪。我们不禁对大师们创作出的精美玉雕作品赞叹不已。

不同服饰、不同语言、不同肤色的人经营着不同造型、不同风格、不同种类的珠宝玉石，是瑞丽最独特的风景。走进瑞丽，就仿佛走进了以翡翠为主体的珠宝玉石的海洋，葱郁绚丽、通灵多变的翡翠以它优雅华贵、深沉稳重的品格，寄托着中华民族真、善、美的情感，装点着我们多彩的人生，我们记住了翡翠，同时也记住了瑞丽。

石林背后有动人的故事，石林背后也有多彩的玉石。

石纳百川
——石林彩玉

文 / 图：贺宇强

说起石林，我们脑海中首先闪现出的定是那颇有名气的“阿诗玛”和一座座错落有致的石峰，然而，您一定不知道，已悄然兴起的石林彩玉即将成为石林旅游产业的另一张名片。此次，我们便亲往石林，探寻石林彩玉的真面目。

石林彩玉原石

【识玉】

所谓“石林彩玉”，是产自石林的玛瑙、碧玉的统称，其主要矿物成分是微晶质石英，因其颜色绚丽多彩、花纹变幻莫测，质地温润细腻，光华内敛，产于石林，故统称为“石林彩玉”。

正在摆放原石的石农

石林彩玉原石

【淘玉】

刚巧，我们到达石林的次日便是石林彩玉早市开放的日子，一大早我们便迫不及待地去市场上一睹石林彩玉的风采。

这一天，石农们会带着自己采挖收集来的石林彩玉来到集市出售，我们赶到“彩玉馆”时，已有不少商户在忙着推销自己的原石，并在柜台上摆放各种各样的成品。

石林彩玉原石大多磨圆程度较好，无棱角，属于次生矿，说明它们经历过风化剥蚀作用，受到了大自然的挑选。据说以前在山中能看到石林彩玉出露在地表，或是埋于田下，只是近几年来，由于各地的玉石收藏者开始高价收购彩玉，大量农民加入到采玉的行列之中，导致出露在地表的彩玉已不多见。

市场上的彩玉成品多种多样，各种手镯、珠串、挂件令人目不暇接，它们颜色丰富多彩，质地温润细腻，花纹百变，意境深远。“花若解语还多事，石不能言最可人”，石虽然不能言，却能传神，一块美丽的彩玉，是无言的诗、不朽的画，向我们诉说着它们亿万年所经历的沧桑。

市场上的各种石林彩玉成品

【寻玉】

对于珠宝人来说，探寻玉石的矿区有一种别样的魅力。此时已近中午，我们一行人驱车进山，来探寻如此美艳动人的彩玉到底产自何处。

老硐口

上山后首先映入眼帘的便是几个老硐，硐口不大仅可容一人通过，硐内漆黑一片，让人既想进去一探究竟，而又苦于无胆。根据硐口残渣分析推测，这些硐应该是古人用来开采燧石的遗址，我猜石林彩玉也可能赋藏其中吧。

沿山路又向前行进十几分钟，便看到了开采石林彩玉的现场。彩玉产于砾岩之中，它们都是玄武岩风化后残留下来，然后再经过流水的搬运作用，在河湖下沉积而成。这些砾岩原本很坚硬，但是经历了长期的地质风化作用，变得十分疏松，成了含砾的沙土状，拿地质锤轻轻一敲，便有大块的砾岩脱落下来。

上山寻宝

经历过漫长的风化搬运作用，彩玉也有一些散落在地表，或埋于河床之下，或压在土层之中。在田间地埂，山路两旁，也常能看到一些彩玉。我们仔细地搜寻着，连一段小小的山路也不错过，果然在途中找到一块颜色好，玉化程度又高的彩玉，看来此行我们运气不错。

巧玉藏于山，无论是保山的南红玛瑙，龙陵的黄龙玉，还是这石林的彩玉，只要去看一看这一块块玉是如何赋藏于山中，又如何被人类开采、加工，才能真正懂得美玉的来之不易，从而心生敬意，将那些玉石视若珍宝。

石林彩玉开采现场

行至此处，我们的云南寻宝之旅便圆满地画上了句号。一路向西，我们先后考察了夺目耀眼的保山南红玛瑙，腾冲的翡翠、琥珀市场，绮丽明亮的龙陵黄龙玉，又在瑞丽见识了翠绿欲滴、多姿多彩的翡翠，最后还有不容忽视的玉石新贵——石林彩玉，每一站都有独特的风景。

我们上矿山、考察市场、体验风土人情，学知识、开眼界，这种寓教于乐、理论与实践相结合的方式让我们受益匪浅，期待着有更多的机会去开启新的寻宝之旅！

保山南红玛瑙饰品

翡翠平安牌

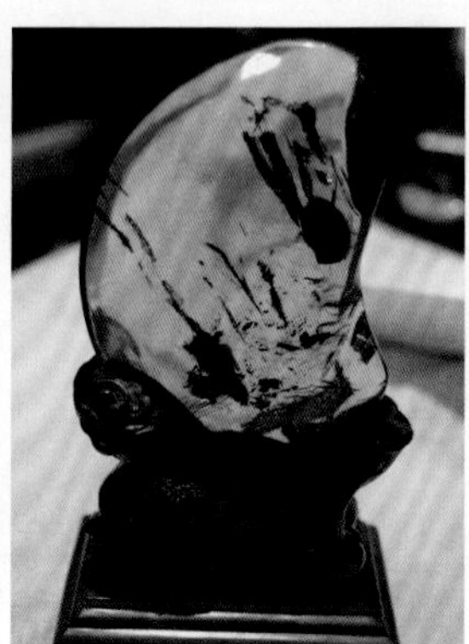

缅甸琥珀摆件

黄龙玉挂件

ABOUT US
关于我们

2016 年 9 月 4 日何雪梅教授出席 CCTV-2《一槌定音》节目，倾情解读罕见的宝石品种

2016 年 5 月 13 日何雪梅工作室成员应邀来到哥伦比亚大使馆参加“爱在五月”活动

2016 年 7 月 25 日何雪梅教授带领学生考察俄罗斯珠宝市场

2016 年 11 月 15 日何雪梅教授赴泰国参加国际珠宝学术研讨会

2016 年 4 月何雪梅教授作为评委应邀参加首届收藏界“凤羽奖”大赛评选暨湖南（长沙）国际收藏产业博览会并现场为收藏爱好者鉴定、答疑解惑

2016 年 5 月何雪梅教授应邀参加苏州首届“文同杯”青年玉雕创意大赛颁奖典礼并与玉雕大师们深入探讨玉文化与玉雕技法

2016 年 7 月 16 日何雪梅教授应邀参加中国北红产业发展高峰论坛并做主旨演讲

2016 年 3 月 3 日何雪梅教授参加"金钻至交 瑰丽镶嵌"媒体见面会

2016 年 7 月 22 日何雪梅教授带领学生在黑龙江矿山采样

2016 年 7 月 18 日何雪梅教授应邀参加黑龙江省逊克县宝山乡北红玛瑙大集暨宝山扶贫产业基地开业典礼

2016 年 8 月 6 日何雪梅教授赴厦门大学为中国卓越女子班授课

2016 年 10 月 29 日何雪梅老师应邀赴哈尔滨参加北红玛瑙国家标准推进工作研讨会

2016 年 7 月 22 日何雪梅工作室成员参观“青铜化玉汲古融今”特展

2016 年 11 月 6 日何雪梅老师指导学生市场考察

2016 年 1 月 10 日何雪梅老师赴菲律宾检测珍珠与砗磲

2016 年 11 月 18 日何雪梅老师考察泰国红宝石矿

2016 年 9 月 14 日何雪梅老师应邀参加（中国）西部珠宝产业发展合作组织发起大会